普通高等教育
艺术类"十二五"规划教材

产品设计

创意与技术开发

Product Design Creativity and Technology Development

厉向东 彭韧 编著

人 民 邮 电 出 版 社

北 京

图书在版编目（CIP）数据

产品设计创意与技术开发 / 厉向东，彭韧编著. --
北京：人民邮电出版社，2017.11
普通高等教育艺术类"十二五"规划教材
ISBN 978-7-115-44650-3

Ⅰ．①产… Ⅱ．①厉… ②彭… Ⅲ．①产品设计－高
等学校－教材 Ⅳ．①TB472

中国版本图书馆CIP数据核字(2017)第005879号

内 容 提 要

本书以产品设计中的创意和技术之间的相互关系和影响为核心，以技术背后的创意和创意背后的技术为导向，详细介绍了在产品设计过程中，技术和创意相融合给当下"万众创新"背景下的产品设计所带来的巨大优势。同时，结合技术与创意的典型案例，解释了设计创意驱动技术进化及技术演变刺激设计创意。

本书以理论概念紧扣实际案例的方式，展现设计创意和技术产生进化等抽象概念，并结合实际项目的开发过程和结果，提供完整的技术创意融合的实践参考。通过学习和实践，学生不仅能够对设计创意的方法、流程、评估等有完整的认识，同时也能对具体案例中的技术在设计创意背景下的作用和进化形式有完整的理解，从而进一步实现在具体实践中对设计创意和技术两者的有机融合、互相促进。

本书可以作为本、专科院校工业设计、数字媒体技术等专业的教学参考用书，也可供有关设计师、技术工程师在项目开发中参考、学习。

◆ 编　著　厉向东　彭　韧
　　责任编辑　吴　婷
　　责任印制　陈　犇

◆ 人民邮电出版社出版发行　　北京市丰台区成寿寺路 11 号
　　邮编　100164　电子邮件　315@ptpress.com.cn
　　网址　http://www.ptpress.com.cn
　　廊坊市印艺阁数字科技有限公司印刷

◆ 开本：787×1092　1/16
　　印张：12.5　　　　　　　　2017 年 11 月第 1 版
　　字数：267 千字　　　　　　2025 年 7 月河北第 9 次印刷

定价：59.80 元

读者服务热线：(010)81055256　印装质量热线：(010)81055316
反盗版热线：(010)81055315

前　言

设计创意与技术开发的融合是工业设计师、产品工程师等人员的典型工作内容，是设计类高级人才所必需具备的关键技能，也是本、专科院校中设计相关专业的重要基础。本书以提高读者对设计创意的来源、演变的认识及设计过程中与技术相融合的方法应用、技能为目标，详细介绍了技术背后非常具有想象力的设计创意，创意背后所支撑的技术进化及两者融合的概念，并通过融合所带来的成功前沿技术创意案例的全流程实践，加深读者对技术和创意融合的理解。

本书以如何将技术与创意两者进行融合为导向，采用理论与实际案例相结合的教学方式组织内容。每个理论部分都配有具有代表性的设计实例。主要内容覆盖了设计创意和技术的概念、方法与应用三大部分。在理论概念部分，通过对设计创意和技术融合现状的讲解，并结合发展过程中的设计和技术实例，重点突出实现技术和创意融合的方法。在技术背后的设计创意部分，将获得优秀设计创意的方法和技巧分散在渐进式的设计实例中，每个实例由概念、现状、发展要求及实现意义等部分组成。在设计创意背后的技术部分，则通过典型技术发展的案例，剖析技术在不同应用场景和用户需求的条件下是如何支持设计创意的提出和深化的。在案例部分，集中展示了编者近年涉及的设计创意结合技术开发的实际项目，并通过技术背景、功能创意、形态创意、情境评估及案例实现等展开具体的案例内容。在每章最后的问题与思考部分，围绕该章节需要掌握的理论知识和设计方法、技巧，为读者进一步检验学习效果提供了精心筛选的问题。

本书未提供具体的设计软件操作以及训练相关的内容，但是读者通过学习技术和创意的基础理论和方法，结合实践案例中所涉及的各种设计工具和实现途径，不仅可以掌握技术创意的重要知识，而且能够基于自身擅长的工具软件满足高效的设计创意和技术的实现要求。

本书的参考学时为96学时，建议采用理论结合实践的一体化教学模式，各部分的参考学时具体见下面的学时分配表。

学时分配表

课　程　内　容	学　　时
第1章　绪论	6
第2章　技术背后的设计创意	18
第3章　技术发展	18
第4章　工业产品创意与技术发展	12
第5章　信息产品创意与技术发展	12
第6章　技术创意案例——触摸技术与智能移动设备	6

课 程 内 容	学 时
第7章 技术创意案例——计算机图像识别技术与智能菜品识别机	6
第8章 技术创意案例——物联网技术与智能签到机	6
第9章 前沿交互技术与产品创意	6
课程内容评估与反馈	6
课时总计	96

本书由浙江大学的厉向东、彭韧编著。由于编者水平和经验有限，书中难免有欠妥和错误之处，恳请读者批评指正。

编 者
2016年11月

目录
CONTENTS

创意与技术理论篇

第1章 绪 论

攀登山峰的人会本能地寻找一条最简单的捷径以直达峰峦，奋进者则会探索新的通往山顶的路径并领略别人不曾欣赏到的风景。创意往往也是如此，最直接的思考结果虽然能够解决设计和技术问题，但是往往不是最精彩的，那些"自讨苦吃"抓破了头皮想出来的创意却经常能让人眼前一亮。有人认为这些让人耳目一新的创意都来源于天才设计师们的灵光一闪，普通人是无法企及的；也有人认为这些天才创意只是通过一系列穷举的普通想法的排列组合，没有什么高深的。这之间的差距就好比是有的天才设计师持续地产出优秀的创意，而有的设计师穷极一生也只是熟练的设计工匠。所以，前面两个例子中涉及的问题是，这两类设计师在创意的构思能力上是从一开始就存在如此之大的差异么？如果不是，他们之间创意能力的差异又是怎么形成的呢？是受益于创意的惊艳还是归功于技术的折服呢？

针对上述问题，本章的主要目的是在创意与技术理论的框架内，分别针对创意的概念、技术的概念及更重要的创意与技术相融合的概念进行阐释。另外，本章所涉及的各项概念除了提供完整的理论定义和解释之外，也注重结合当下社会对于创意与技术融合进行创新的方法、流程及具体要求，以"创意＋技术"经典案例的形式进行说明。因此，本章前面的理论部分覆盖技术和创意的起源、发展、要求及意义，后面部分介绍创意与技术的结合及技术创意所面临的现状、要求、意义及现实案例。

◤ 1.1 了解产品设计创意

要回答前面提出的问题，就需要了解到底什么是创意。创意可以是突发奇想，可以是按图索骥，甚至也可以是无心插柳的设计结果。有关创意主要有以下两种观点。

（1）前文中的第一类人相信创意是从天而降的灵感，这忽视了知识的逐渐积累和理性的分析所带给创意的引导和提炼，因而把注意力放在消极等待创意从大脑中迸发，这种想法是不现实的。

（2）另外一类人坚信理性的分析方法会经由认识、推理和分析产出精彩的想法，创意并不需要苦等灵感的出现，这种方式很容易导致拘泥于特定方法的细节步骤，难以形成突破性的创意。试想，通过调研用户对现有手机的体验又如何能够得到关于一个他们从未使用过的产品创意的反馈呢？这往往需要设计师的灵光一现，但是即便是这样的设计创意，也需要针对特定的设计问题和情境进行思考和积累。

斯蒂夫·乔布斯主导发布的iPod是个划时代的产品。虽然没人知道他脑中最初的创意是如何冒出来的及与最后面世的产品之间存在多少差异（见图1.1），但是我们能够确认的是，他提出了一个别人未曾想到过、也未曾真正体验过的想法——触摸操控及从专门的音乐库中购买单曲音乐。这些创新是无法完整地从当时用户对在线音乐购买的糟糕体验的调查分析中得出的。

图1.1 斯蒂夫·乔布斯主导设计的iPod

创意有的是崭新的、前所未有的，有的只是对已有产品和系统的改造并使之具备更高的工艺水准。但是通过合理的组合、提炼及结合至具体的应用，它们都形成了普遍的共通点，即独创性、意义性及应用性等。

掌握产品设计创意需要了解创意是如何产生、演变并最终实现的。

前文中iPod的创意案例经历了原创概念、产品原型、改良借鉴、创新综合等多个过程的协同和反复才最终形成我们见到的产品。对于这种不断促进创意前进的驱动力，中国美术学院的陈立勋教授称之为"梦"——从"做梦"到"造梦"到"圆梦"，而浙江大学的彭韧教授则把这种持续的创意动机归因于内在驱动。

无论是从外部驱动的角度还是从设计师内心萌动的角度，创意的发生和发展都是一个持续的过程。英国牛津布鲁克斯大学（Oxford Brookes University）的思维训练课程就展现了学生的完整思维创意过程。

① 从最初的一棵花菜的形态开始（见图1.2）；

② 逐渐抽象至不同颜色的堆叠圆环；

③ 再演变成扳手和螺帽构成的树木的形态，从而展现工业社会的机械与密集感（见图1.2）。

图1.2 创意的抽象演变

类似于毕加索对牛的形态的演变（见图1.3），创意的形成需要一种能力来通过长时间的慢慢构思成形，这是产品设计创意与现实科学技术相结合的一种非常重要的途径。

图1.3 牛的形态演变

掌握产品设计创意还需要了解创意如何在技术的基础之上，为特定的设计、生活、生产等活动提供意义。

圆形轮子的发明是一个伟大的创意，但是提出一个方形轮子的方案并不一定是个有意义并且能产生价值的创意，尽管其在构思创新性方面非常独特。同样的，一个仅仅停留在脑海中的虚构的创意也是缺乏积极的技术意义的。假如爱迪生没有千辛万苦通过实验为灯泡找到合适的钨丝材料，那么灯泡就会像星际旅行一样只是我们的梦想而已。

因此，本书除了讲述各种创意及其的产生和应用外，很大一部分内容都将围绕创意如何结合具体的技术（无论是古老的、成熟的还是前沿的技术，也无论是持久的、成功的还是昙花一现的技术）来实现完整的技术创意的意义。

◤1.2 创意的概念

好的设计来自好的创意，无论是一张令人印象深刻的设计海报，还是一款让人心动不已的产品，背后都有一个或者多个好的创意，不然它就会泯灭在众多平庸的作品当中并很快失去用户的关注而被遗忘。创意是好设计的基础，这点毋庸置疑，无数成功的产品设计也证明了这点。

【例1】菲利普·斯塔克的外星人榨汁机就是个很好的例子（见图1.4）。通过将独特夸张的形态与榨汁的功能巧妙地结合在一起，他造就了完整的功能性之下的强烈视觉冲击感。相反，虽然市场上存在众多功能丰富的榨汁机，但是由于它们缺乏独特的设计创意，其设计往往不能在众多竞争品牌中脱颖而出。

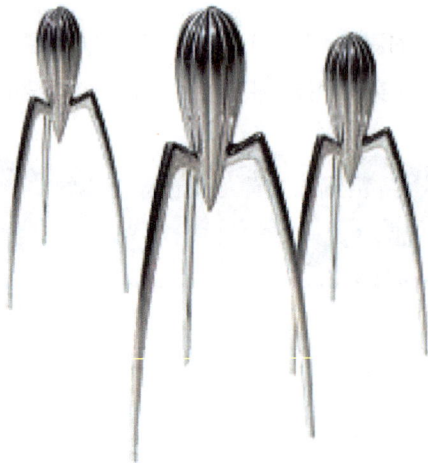

图1.4 菲利普·斯塔克的外星人榨汁机

当向一个产品设计师或者平面设计师咨询一个特定的设计主题或者设计问题时，他有可能会一整天都能滔滔不绝地跟你畅谈他的设计想法。这些想法大概会囊括从宏观宇宙到微观粒子，从虚无的概念到明确的产品，从未来的科幻想象到过去的技术历史等。

但是，这些想法都能被称作"创意"吗？或者说，从创意的原始概念的角度来理解，这些点子都是我们所期待的具有"创新"特质的构想；再进一步，假设这些都算是优秀的创意，那么它们在多大程度上具备创新的意义呢？要清晰地回答这些问题，就需要对创意的具体定义、来源及意义有深入的认识。

1.2.1 创意的定义

在直接从《辞海》中找到"创意"并抛出它的抽象定义之前，先看一下不同案例中的设计师和资深从业人员是如何从不同的角度解读创意的。

【例2】以一把凳子为出发点，可以对设计的创意及其相近的概念例如"匠意"进行对比（见图1.5）[1]。起初，原始人狩猎和劳动累了就随便找个石头或者木头坐着休息，这个时候还没有椅子的概念。后来有人想出了拿一个树桩的截面外加几条腿就能随时随地的休息。从石头到简易的凳子的概念就是创意。后来，为了坐得更加舒服，人们增加了扶手和靠背，从而形成了椅子的概念，这也是创意。第一个把椅子的材料从传统的木头替换为金属的点子也是创意。但是，其他人看到了这样的椅子并制作了工艺更加精良的椅子，这就只能称之为"匠意"；如果连材料工艺的改善也没有，那么就只能称之为"模仿"了。

图1.5 从凳子到椅子的创意想法

【例3】古斯塔夫·埃菲尔主导的巴黎埃菲尔铁塔是为1889年世博会而建的（见图1.6）。在当时，全金属的塔身结构和设计方式与传统的以大理石和木材为主要材料的建筑形成了强烈的对比，并引起了巨大的公共批评和争议。除了埃菲尔铁塔自身结构设计上的独特性，公众的关注点主要在材料的使用上。在传统建筑结构的基础上采用新的材料，并进一步借助新材料突破了传统材料在性能、结构、形式上的局限，埃菲尔铁塔的设计和实现自然形成了自身独特的创意。

1　关于椅子起源和发展的创意描述可参考《设计的张力》，陈立勋著。

图1.6 埃菲尔铁塔的全金属结构设计

【例4】在建筑设计领域同样闻名的还有贝聿铭设计的巴黎卢浮宫广场的金字塔（见图1.7）。与埃菲尔铁塔在材料上的设计创意相似，卢浮宫前广场上的金字塔采用了与四周大理石建筑所呈现出的古老、沉重氛围完全不同的玻璃结构，用材料营造了两个不同时代截然不同的设计创意。玻璃金字塔还有一处令人印象深刻的地方是其本身，即将埃及文化典型代表的符号融合进法兰西的宫殿文化氛围之中，并确保协调，这也正是这个设计方案的创意。

图1.7 卢浮宫前的金字塔设计

【例5】2013年浙江大学工业设计系获得红点概念设计奖的作品中，有一件传达着人文关怀与环保意识的设计作品*Double Warm*（见图1.8）。在烧火的同时加热水用于饮用和洗漱的生活方式已经在广大的中国农村存在了上千年，因此在这样的背景下该设计的构思并不新颖。但是，通过改良传统"烧火＋热水"在大土灶中使用的不便，利用新的结构设计实现可移动式的加热灶，则在使用方式和情境方面，提出了新的思路，超越了传统的灶火加热的使用方式。

图1.8　红点获奖作品*Double Warm*

【例6】再举个反例。美国认知心理学家唐纳德·诺曼（Donald Norman）在其《日常生活产品设计的哲学》（*Psychology of everyday things*）一书中提到，用户对使用产品所期待的体验与设计师的"创造性"想法之间存在明显的鸿沟（见图1.9）。

不可否认，诺曼所展示的是一款非常具有创造力的茶壶设计，与传统的茶壶的设计完全背道而驰，并且特立独行地把传统的茶壶手柄和茶壶嘴进行了打散重构，让人不得不佩服设计师的精心构思。但讽刺的是，多数用户都很不情愿把这样的设计称为创意，反而更多的是称之为"恶搞"，或者是"无厘头式的噱头"。从用户对本案例中茶壶设计的反馈来看，创意和胡思乱想或者是哗众取宠的构思显然是有区别的。因此，当涉及一个日常用品的创意时，用户从其中寻找的不仅仅是纯粹的独特性和新颖性，还包括特定的使用价值以及满足特定功能需求的价值。

图1.9 日常生活产品设计的哲学

通过对上述几个案例的设计过程进行分析后，现在可以对什么是"创意"进行以下概括。

（1）创意不是一个静止的定义，它并没有一个完全的终结点，而是表现出一种趋势[2]。

这解释了为什么创意从来都不曾像市场上的普通产品一样，一旦成型就保持其最终形态直至最后消亡。相反，创意总是持续地产生。有的创意是基于已有产品设计的基础上进行的，例如前文提及的对椅子材料从木头到钢铁的改变；有的创意则是横空出世的，例如前文提及的iPod的设计。

（2）上述创意的趋势在其产生和变化的过程中有三个基本目标需要实现。

① 审美疲劳的需要。人类本身对于新颖、变化及多样性的追求，这在心理学中被定义为"审美疲劳"所驱动的求新求异。

② 价值体现的需要。人们通过对不同的设计构想进行重复的思考来交流思想并体现自身对价值的需求。因此，唐纳德·诺曼的反哲学茶壶所代表的价值并不能被广泛的用户所接受。

③ 解决问题的需要。这也是最直接和最频繁的人们进行创意所要达成的目标。

（3）总而言之，创意是一种趋向于变化、多样及独特的价值体现，其目的是解决问题、展现价值及迎合用户。

如果从理论模型的角度看创意在设计活动中的定义，还可以发现很多与"创意"概念本身密切相关的因素。

2　参考《设计趋势之上》（*Beyond trend*）中对于流行趋势的定义和描述，马特·马图斯著。

首先的就是文化———种供特定社会群体或者人群所拥有和使用的符号性的共性知识[3]。如果把设计创意的历史往回一些退到古希腊或者古代中国，可以发现创意的概念在这些时代的文化当中是没有被完整地认可的，包括创意的趋向、价值等。从目前可考据的文献中所能确认的是，创意早先多被认为是一种文化背景下的"发现"而不是"创造"。

柏拉图在被问到一个画家是否创造了什么东西的时候，他断然否定并认为画家的作品只是对于特定宗教、自然、社会等文化活动的模仿而非创造，就好比肖像是对人物的模仿、花鸟画是对自然对象的模仿一样，抽象的故事画也是对特定社会文化活动的重构和再现。截至今天，创意作为一种创造性活动的概念已经被广泛接受，其正在日益突破文化的藩篱并跨种族和国界地形成影响，开始逐渐得到广泛认同。

在不同文化背景下解读关于创意的定义，例如，龙在中国与西方国家之间所代表的社会含义，仍然存在非常有趣的差异。这种差异可以大致地分为4个层次。

（1）改造性的学习的影响是来自于个人对文化的体验、行为及想法解读的差异。这是在不同文化背景下的对于创意概念解读的差异的最主要因素。

（2）对于解决问题效率和形式的认同的差异，这受到创意实现的具体方式在特定文化背景中所包含的重要性的影响。

（3）专业设计或者创意人员对于该创意在特定文化背景下对社会意义的影响的理解的差异。

（4）在特定文化领域内的创意概念的差异。

如果从不同学科的角度来审视上述创意的定义，存在的差异也非常有趣。生物学认为创意是人类一种在长期进化后形成的天然能力，以更好地适应环境的快速变化——这里的环境包括社会与文化环境，这也符合达尔文主义的观点[4]。社会学则把创意的定义作为一个能够在现实中创造新事物和实现新奇想象结果的概念来对待。它采用如何以新的方式来认知和改变世界的能力来衡量创意，并以此为基础来考虑隐藏的事物关系、貌似无关现象的联系及寻找新的合理解决方案。

其次，创意需要同时结合脑中的想法，并通过不同途径实现出来，否则就只能称为富有"想象力"而不是"创意"——需要注意的是，这是创意与其他相近概念之间的关键差别之一。因此，一个产品设计创意只有在"新颖"并且"合理"的时候才符合完整的创意的定义。

最后，创意的定义中所指的新的构思需要明确为原创，但并不一定采用不可预测、天马行空的方式进行展现。社会学领域针对用户在利用新工具例如智能手机条件下的创造力的研究成果显示人们自然地具有普遍创造力，只是后续的创意过程例如基础知识、规则学习、思考方式、质疑假设及运用想象力和图形化思考等产生了显著的差异。克里斯汀森（Clayton M·Christensen）在《创新

---

3 参考《技术的本质》中对于文化背景的内容描述，布赖恩·阿瑟著。

4 《技术的本质》，布赖恩·阿瑟著。

者的基因》一书中指出的，创新的概念并不单指在脑中产生灵感，更重要的是它包含了一系列的认知和行为相关的协同功能，即通过协调思维、推理方案、观察事物、发掘联系及试验尝试等过程来形成创造性的设计。因此，创意的概念所指向的是一种具体而现实的价值趋势。

1.2.2 创意的来源

为了保持创造性，设计师必须要博览各种事物，并且尝试从不同的角度去解读这些事物。同时，学习并运用灵活的方法对事物的不同角度进行重新构思和组合，并且形成新的想法，这总体上就是创意的来源，但在具体方式方法上却存在较多的不同。

1. 创意的流程

前文提到，一般而言人们相信两种截然不同的创意来源：一种是灵感，另一种是方法，两者各自具有不同的优缺点。从心理认知的角度观察创意的来源，可以发现创意的整个过程其实是符合一定的流程的，比如：

（1）构思的潜伏期，即脑中存在具体要解决的问题，但是距离提出创新的设计方案还有一定的距离。这是个断断续续甚至是支离破碎的、不成系统的思路混杂阶段，但有研究证据显示这个时期中的思路跳跃和中断能很好地刺激创意的产生，因为大脑在设计的解决方案和问题之间会间歇性地探索和尝试不同的联系的可能。

（2）集中与发散期，即大脑开始对前面阶段发现的问题与潜在设计解决方案之间的微弱联系展开集中的思考，并进一步发散思考的范围从而寻找更多的联系。有证据显示，当用户使用他们的想象力思考新构思的时候，这些构思会以非常规则、可预测的方式在大脑中按照这些联系进行分类和扩张。

（3）模糊与清晰期，即通过比较脑中潜在的不同设计方案所形成的模糊或者清晰的印象，最终归纳为设计创意。

可见，创意流程是个典型的非线性行为，也就是说，设计师在进行创意的过程中会来回反复地重复上述步骤，直到获得符合要求的创意。一种非常典型的情况是，大多数设计师在找到精妙的设计创意的时候，往往不是在苦思冥想该问题的时候，而是正在思考其他事情的时刻，比如吃早餐，或者是在赶公交车去上班的路上。但是，这类创意的来源有些过于不可捉摸，特别是在设计方案的截止时间非常接近的时候，这个时候就需要整理一下哪些经典的场合、情境、方法是设计创意灵感的主要来源。

对于产品设计项目而言，获得一个优秀的设计创意就已经相当于完成了一半的工作，剩下的就是如何缩小创意及其工程实现之间的差距了。在平面设计中，设计师获取创意灵感的一种主要方式是通过阅读和对比大量的与设计主题相关的资料，包括可以获取到手的图片、视音频及相关用户或者设计的访谈等。

比如，设计师将大量的某一主题的网页设计稿放在一起，就可以较为轻松地比较出流行的颜色搭配、布局、交互体验等，从而提供符合设计趋势的创意来源。同时，这也为跳出当下的流行趋势寻找一种独特的配色或者布局提供了参考基准。将历年的获奖平面海报设计作品平铺在一起，也能更加容易地为设计师在划定设计创意的范围及表现形式上提供更加简便的帮助。

2. 创意的背景与来源

设计问题所处的背景是创意的一个重要来源，它可以让设计师知道一个想法是否值得深入。显然，如果知道一个想法不会带来预期的创意效果，那么就不值得跟进。与前文中铺开所有相关的设计作品进行比较从而展开设计创意的方式不同，仔细地调查和分析设计问题所处的背景有助于了解设计创意的实现会出现的地方。如果设计的对象是食品包装（见图1.10），那它可能存在的背景会是超市；如果设计的是一款自行车，那它可能存在的背景会是马路（见图1.11）。

图1.10　食品包装设计的背景

图1.11　自行车设计的背景

了解了要设计的产品会出现在什么地方，就能顺其自然地获得很多相关的构思线索，例如对于放在室外的植物状态智能监测器就需要考虑应该选择什么样的材质，如何能够持久地正常使用；相反的，一款奢侈品的设计创意则会有更多的关于材质与图案的构思要求。设计背景一般在设计创意一开始的时候就被确认下来，因此，会在后续的创意过程中被反复地提及。这样做的显而易见的好处是基于设计需求的很多想法会很快地冒出来，这样也使设计师能更容易地从中选择优秀的设计创意。

设计创意的来源还包括团队协作。产品设计的构思过程并不一定局限于一个人的脑力活动。事实上，如果有其他人加入设计想法的讨论甚至辩驳一个设计想法时，反而更容易产生新的设计创意。在下面的设计创意来源的具体方法中会涉及如何通过团队的协作达成创新的理念。

设计创意的另外一个主要来源是基于方法学的思维方式。不论是适用于个人还是团队实践的创意过程，都需要有良好的思维方式指导，下面着重对这部分进行解释，具体的设计创意的产生方法将在其他章节中具体阐释。

通常而言，设计创意针对的是某一特定问题或者概念所需要的创造性解决方法或方案。在很多时候，这种问题总是显得非常的宽泛或者庞大，从而令人觉得难以入手。在这种情况下，富有经验的设计师会思考应该优先去解决什么，或者从哪里入手可以将大问题分解为若干较小的具有较高可行性的小任务。例如，为解决儿童咬笔带来的安全问题设计新型彩色笔，可以先从安全颜料的选择展开设计，逐步过渡到整体彩色笔产品的设计；或者，也可以将该设计创意分解成多个部分，即颜料安全的设计、结构安全的设计、使用安全提醒的设计等任务。

一般而言，直接设计和分开设计会产生相同的设计结果，但是在设计创意上，分开进行的设计创意往往具有比总体创意更加发散的效果，并且在实现上也更加简单容易。分成小任务进行设计的优势之一是它往往能发掘或者突出真正的设计问题，这里指的不仅仅是单纯的用户需求或者问题，而是与此相关的其他重要问题。例如，在上述例子中，当设计采用新型安全颜料后涉及存储部件的设计改良，甚至从对安全颜料设计创意的发散思考中能产生大的创意（见图1.12）。

图1.12　安全儿童彩笔设计

（1）借用设计。

借用是在设计创意的思维过程中经常使用的方式之一。顾名思义，它指的是设计创意中借鉴并使用其他物体的形象。设计师视其为一种很重要的提升形象创意的捷径。一方面，每个人都有其熟悉的对象，可以将其应用至设计创意中；另一方面，物体形象的借用也促进了用户在认知和使用时的感官体验。通过借用将其他物体对象的元素、背景、尺寸还有外观等融合进设计创意，这对于产品设计而言非常有意义。

（2）组合设计。

与借用这种设计创意思维方式接近的还有一种方式是组合。组合更加侧重于利用设计思维所能及的资源，将其有机拼接以形成新的创意。这种设计创意的特点是既能兼容灵光一现的即兴创意，也能通过排列组合逐个检查创意的效果，就像是严格的实验。例如奔驰的仿生概念车（见图1.13）和字母形态的组合所带来的不同设计创意（见图1.14）。

图1.13 借用：奔驰的仿生概念车设计

图1.14 组合：字母形态的组合设计

（3）横向思维。

爱德华·波诺的六项思考帽（six thinking hats[5]）展示了一种横向的思维过程，并通过其进行针对性的设计创意主题和重点的筛选（见图1.15）。戴着一项固定的帽子思考设计创意往往会出现问题，而换一个新的方式来思考，也许就能轻易地找到解决问题的创意。因此，灵活转换设计创意过程中各种思维定式，并尝试换用不同的角度来审视设计问题，是设计创意思维的一种重要方式。

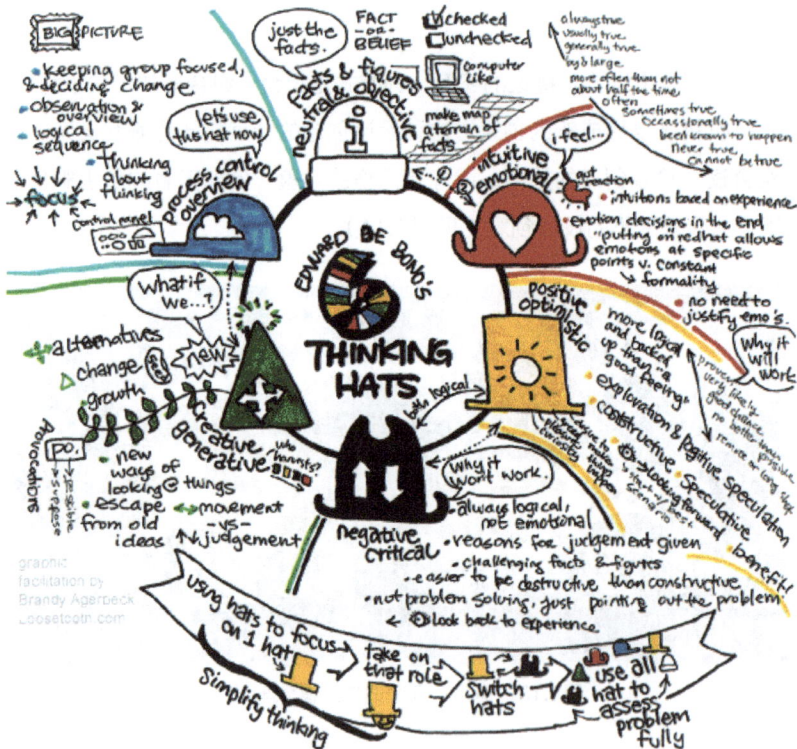

图1.15 设计思维的六项思考帽

（4）取舍设计。

有一种情况是：在构思阶段产生了太多的设计创意，以至于无法取舍，难以选择一个集中精力进行下去的方向。类似的情况并非只有在富有经验的设计师身上才会出现，初涉设计的新手们更会面临确定设计方向的难题。因此，设计创意思维的过程中也包含了合理地缩小创意的范围，从中找到一个合适的想法，并在此过程中判断设计创意的构思是否符合最初的设计问题的定义和设计目标。

受到个人品味、喜好及经历、实际限制等影响，即使一个项目的创意构思过程是非常顺利的，

5　白帽子——事实，绿帽子——创造力，红帽子——感受、直觉反应，黄帽子——积极的态度，黑帽子——逆向思维，蓝帽子——设计决策。

也经常会有一些不必要的创意无法准确判断——这是在整个设计创意思维过程中最困难的环节。因为这要求设计师重新审视设计的最初目的、回顾设计的流程、定义设计的参数，从而缩小设计创意的范围并最终确定正确的创意。

总部设在伦敦的设计咨询公司Re-Shape invent在帮助设计师进行设计构思并取舍精良设计时，会为不同的设计主题建立情绪板，用来区分其中所涵盖的设计创意，并通过讨论来决定下一步的设计方向。他们提倡设计的直觉——一种让人一眼就觉得温暖的感觉，通常情况下，通过设计思维方法产生的良好创意会让用户觉得贴心。

（5）表达设计。

创意的表达也是设计创意思维方法的一种。如果创意的构思已经在前期完成，那么下一步应该做的就是通过一种容易理解的形式将其表达出来——这解释了为什么设计创意从来都不是一种仅仅以创意认知和思考过程为主体的活动。相反，它还包含了很重要的表达环节。这里的表达不仅仅指的是通过图形或者实物模型的方式将前期的创意呈现出来，还包括在表达的过程中发生的二次创意。

通常创意的表达过程很简单，设计师将设计的构思包含在一张草图中，并以此为载体将设计想法传递给用户。让用户能简单明了地理解设计创意是至关重要的，这能让设计师的设计创意变得有价值。但问题是，用户对于创意的接受和反馈是不可预测的，因此，反复沟通的过程往往要求设计师将设计创意进一步进行梳理，从而证明创意的可行性。当然，通过模型和其他更加高级的表现技术，例如数字技术、多媒体技术及虚拟交互环境等来展示最终的产品，有助于确定需要进一步修改的内容，对于设计创意的思考过程也有很重要的作用。

（6）其他设计。

另外，一些非正式的设计创意思维方式的使用在某些时候也有助于创意的形成，例如，寻找一个舒适的环境开展设计思考，改变环境进行设计思维的切换，尝试诙谐、有趣或者随意的方式对创意进行处理，还有闭上眼睛想象设计创意在生活中的使用体验等。例如，在纽约Wolff Olins设计公司工作的澳大利亚设计师詹姆斯·卡佩就习惯在其设计作品中采用俏皮的商业化背景来结合细腻的工艺。在对其进行的一次采访中，他就针对如何构思好的设计创意提出了自己的方法：调整心情，查阅资料，随意构思，最后完善想法。

Hat-trick Design工作室的吉姆·萨瑟兰对于设计思维方法在设计创意产生的过程中的作用解释为：类似于自然历史博物馆宣传册之类的产品设计，需要首先认识人们自然、开放、充满乐趣地学习自然历史知识的过程，进而提炼博物馆的核心价值，以此为基础，才能在设计方案中提出结合游戏和互动的手册封面设计，并通过打孔的形式，能够让孩子们在参观完后将手册封面撕下来，带到学校或者家里，从而提高对博物馆的宣传效应。

归根结底，创意的来源其实主要产生自创造性的思维活动，即在思考创造性设计构思的过程中不断尝试对各种潜在的问题提出解决方案，并将方案应用至设计背景中进行验证。

1.2.3 创意的意义

如同让每个用户都欣赏设计师的创意一样，让每个设计创意在面对不同环境、使用情境及文化社会背景的条件下保持一致的创新意义是不现实的。

这就好比是电冰箱在热带或者亚热带是自然的冷藏保鲜的产品，但到了爱斯基摩人那里并没有多少冷藏的意义。又或者，为山区的孩子设计一款功能丰富的平板电脑，但在那里连基本的用电都没有保障，更别提网络了，这样的设计创意并没有多少意义。

【例7】100美元电脑设计项目在针对非洲等贫困儿童的电脑教育问题的创意上，则比前面的例子更加有说服力——不仅仅是该设计显得更加的切实可行，它还凸显了在应用该产品时的社会价值（见图1.16）。这也是本节要解释的问题——什么样的设计创意才有意义？如何才能使设计创新更有意义？

图1.16 100美元电脑设计

从上面的设计案例来讲，设计的意义与设计伦理学的概念有些接近。设计伦理学是现代设计学科当中的一个重要分支，要求设计中必须综合考虑人、环境、资源的因素，着眼长远利益，从而发扬人性中的美并促进人、环境、资源等的可持续协同发展。

最早提出设计伦理学的美国设计理论家维克多·巴巴纳克在20世纪60年代出版的著作《为真实世界设计》中提到，设计应当为广大人民服务，为健康和残疾人服务，为资源利用服务。从现代的绿色可持续发展的设计哲学来看，在这些问题上，巴巴纳克的观点明确了在产品设计过程中所需要考虑的创意的意义，即在着手产品设计之前，就需要在创意阶段考虑这些意义。本节所指的创意的意义比巴巴纳克的设计伦理所倡导的意义更加宽泛，主要表现在产品创意的构思在符合设计伦理的基础上对具体用户、情境、问题的满足上。

创意总是被认为是好的，因为其具有新、奇、特的特点，符合人类求新求异的认知本能。事实真的是这样吗？答案恐怕恰恰相反。创意的意义并不在于其本身是如何地超脱于现有的其他设计构思而独成一派，或者是实现了以前的设计师未曾企及的创意，如同一辆豪华跑车对于一个在沙漠中快要渴死的旅行者毫无意义一样，单纯追求独特和新意并不能直接使之成为有意义的设计创意，否则设计师们就不用为了设计问题的解决而抓破头皮苦思冥想了——他只需提出特立独行、不着边际的想法即可。

为高位截瘫的病人设计一款火箭驱动的飞行轮椅这样的创意具有很好的创造性，但它可能并不会比设计一款能爬楼梯的轮椅更加有意义；为拥堵的城市交通设计飞行汽车也具有很好的新意，但是人们不太容易认为其比合理地设计道路引导系统及汽车自动驾驶功能的设计更加有意义。

从上述两个对比性的举例中可以初步总结出具备良好意义的设计创意所应当具备的特点如下。

（1）它不以独特性为唯一导向；

（2）它以时代的技术、社会水平为参照系；

（3）它包含了对人、社会、自然之间关系的考虑；

（4）在第三条特点的基础上，它还涉及了产品设计创意针对不同用户群体、任务情境及适用性的考虑。

下面对以上四条详细展开解释。

（1）独特性并不是设计创意的唯一导向。

虽然在大多数情况下，创意总是表现为一种与现有解决方法和设计构思不同的思路，但是在很大程度上，单单是独特这一点并不足以支撑设计创意的意义。举个简单的设计伦理的例子，设计一款非常好看的、完全不同于其他设计形态的照明灯泡，但如果其需要比传统照明灯具消耗多好几倍的能耗，则这里面的形态之独特性并不能弥补其在绿色可持续意义上的缺陷。

类似的，利用现代信息技术设计独特的窥探他人隐私的工具应用，或许从解决问题和设计构思实现的角度而言确实非常独特，但是其作用于人、社会之间的意义未必像其在技术方面那样大。或者说，设计一款杰出的以吸引青少年沉溺其中的游戏的意义或许比一款设计普通的游戏来得更加让人憎恶。

（2）所处时代的技术及社会发展水平是设计创意的天然参考系。

也就是说，无论是用当代的眼光审视曾经的设计创意或者是用未来的眼光审视现在的创意，都不是正确的衡量设计创意意义的方式。这点在与技术紧密结合的设计创意的实现上显得特别明显，剧毒农药DDT从发明到禁用的过程就是一个典型的例子。

随着技术的不断进步，每个时代的设计创意也在层出不穷，并在各自的时代背景中为解决特别的问题提供了不同的意义，但经典的富有意义的设计创意总是能跨越时代，例如前文提及的埃菲尔铁塔在自身结构设计、材料使用方面所带来的划时代的意义。富有经验的设计师明白不同的设计材料、加工工艺及两者综合起来所形成的具有独特时代特征的设计韵味，因此，某些经典的设计材料，例如木材、石料、金属等，在今天都会被刻意地运用在设计的不同阶段，以人为地形成独特的感知和意义。

这类设计创意的例子包括了巴洛克风格的家具产品的设计（见图1.17），还有大工业化时代的独特的产品设计（见图1.18），以及包豪斯兴起的时代所倡导的"少即是多"的产品设计创意（见图1.19）。

图1.17 巴洛克风格的家具设计

图1.18 工业化时代的产品设计

图1.19 包豪斯理念的产品设计

（3）设计创意的意义的一个重要方面是合理地考虑人、社会和自然之间的良性关系。

前文已经提及设计伦理在这方面的重点覆盖，即有意义的设计创意必然导向人与社会、自然的和谐相处，并且能在不同方面促进三者之间的关系。节能、绿色、可持续等是对这类设计创意的意义的概括。常常被诟病甚至批判的一类设计创意，例如服装的皮草设计及辅助伤害产品的设计等，往往在一个或者多个方面严重地与上述意义相违背。

（4）最后一点，也是本节最关键的关于设计创意的意义的概括，即设计创意必须要合理地考虑产品或者服务所面向的对象，所处的使用情境，以及所在的社会文化环境。

这类设计创意的意义比前面概括的意义更加隐晦，因此在设计创意的实现过程中会被设计师忽视，甚至是富有经验的设计师也会在这方面存在纰漏。例如在前文开头处提及的关于针对贫穷儿童的电脑学习问题所形成的笔记本或者平板电脑的设计，解释了为什么一台经过设计师反复斟酌、设计精良、工艺完美的平板电脑对于目标使用人群来说却并没有意义，而100美元电脑的设计创意则较平板电脑的设计在解决电脑教育问题上显得更加有意义。

但是这里要指出的是，上述两种设计创意针对的都是特定社会环境下的特定使用人群，如果脱离这个背景，将100美元电脑发给伦敦、纽约等大城市学校里的儿童们进行电脑教育，那么设计创意的意义就完全被误导了。设计创意会因为不合理的使用带来令人沮丧的效果和意义，更加严重的是，这类情况往往还会对目标用户产生二次伤害。例如，为防止老人摔倒无人搀扶而导致严重后果的可穿戴式健康监测设备的设计，往往更多地关注如何实现突发状况监测的准确度及紧急时刻求助的可靠性（见图1.20），因此构思形成的设计创意总是一个独特的带有鲜明识别性的产品——有着一个明显的意思：哦，我很危险，随时会发病，我时刻需要关注和帮助。

图1.20 可穿戴的老人健康监测产品设计

理解这样的设计创意的社会学意义可以打一个比方：老人行动不便，需要拐杖，因此去设计一个十分突出的拐杖，时刻提醒着使用者其具有行动不便的问题。这里的问题是，设计拐杖的意义

019

到底是为了提醒行动不便，抑或是作为一个工具辅助老人的行动，使之具备与正常人无异的活动能力？从老人的社会心理出发，或许选择一个吸人眼球的拐杖只是在找不到合适行动支撑工具的情况下的无奈之举，但这个例子给设计师提出了更高的寻找设计创意意义的要求。

设计创意考虑人与自然可持续发展意义的案例还包括节能灯的设计。

【例8】芬兰在推广用节能灯泡替换传统的白炽灯泡，意图在节约能源方面走在世界的前列，但是在其推广的前期，电力部门发现城市的用电反而较之前还多。后来经调查发现，人们在用节能灯泡替换了传统灯泡后，觉得既然更加节能，就因此减少了人离开后主动关灯的行为，并在原来不需要照明的地方例如院子的花园都增加了节能灯照明，很多道路旁的路灯也多了起来。这种结果异化了设计师原本的设计创意的意图，并产生了截然相反的意义。

◤ 1.3 技术的概念

技术在产品设计历史过程中存在不同的概念定义，不同的技术在社会发展的过程中产生并发展，最后融入丰富的产品和服务的设计中去。针对技术在产品设计过程中所扮演的重要作用，我们讲解了产品设计，包括概念设计和实体产品以及虚拟服务设计等对于快速发展的技术是如何进行甄别、结合及应用的。最后，由于一个产品设计可以借助多种技术来实现，但是各种技术在不同产品环境下存在千差万别的功能、设计意义等方面的差别，因此，本节最后也针对技术对产品设计的具体意义及要求进行阐释。

需要特别指出的是，本节的主要内容所指的技术并没有具体限制的领域。也就是说，本节中所列举的各种技术完全可能超出工业产品设计本身所涉及的制造、成型、使用等技术，并进一步拓展至目前前沿科技正在大力发展的热门技术及还没有证明或者已经被证明自身巨大潜力的未来技术，例如深海矿产开采技术等。

采用一个覆盖如此之广的技术的概念来描述技术如何对产品设计及其创意产生作用是存在一定的风险的，其中特别可能出现的问题就是无法形成统一概念来认识技术到底是通过何种方式影响并渗入产品设计的各个流程及后续的用户使用甚至产品回收过程的。当然，为了避免这类问题，各个设计技术概念在定义的部分都会进行特别的说明，并通过日常生活中的技术作为切入点，逐步地拓展所涉及的技术，从而形成明确统一的线索来指导技术的概念的学习。

除了针对技术的普遍概念进行解读，更重要的是，针对技术与产品设计（包括实体产品与虚拟的服务产品以及信息产品，例如手机用户界面设计等）所产生对特定技术的筛选和引导作用进行了举例解释，力求通过经典产品设计故事中的技术的采用和延伸来帮助理解技术是如何与产品设计密切结合，以及未来将采用何种方式整合的。

另外需要指出的一点是技术对于产品设计的意义。前文已经提及技术对于产品设计具有积极的促进作用，但是，相同的技术可以被用于繁杂的产品设计中并最终形成五花八门的设计结果。因此，与其他陈述特定技术及其相关产品设计故事的方式不同，本节将在分解技术的概念及其与产品设计的关系的基础之上，进一步展开技术对于产品设计的意义及其评价方式的探讨。

1.3.1 技术的定义

1. 什么是技术

这个问题就如同问"什么是美味"一样，可以马上列举出美食以说明到底什么是美味，但是相比较而言，对于美味本身的定义却显得模糊。对于技术，可以信手拈来的例子就有移动电话通信技术、触摸屏技术、照明技术等，甚至骑自行车也可以是技术。从最简单的日常生活中的技术，例如切土豆丝的技术到高尖精的载人航天的运载火箭和出舱技术，技术的概念涵盖了非常丰富的对象和内容。如果把前面提及的这些例子的共同点总结一下，便大概可以得出技术所包含的对象：人，物体及对物体进行操控的能力。如果把这些林林总总的关于技术的例子进行一次整理的话，大概可以进行如下分类：

（1）可触及的技术，这类技术包括开车、制作产品原型等技术；

（2）不可触及的技术，这类技术包括咨询、分析和解决问题、训练等技术；

（3）高级技术，这类技术包含完全或者部分自动化或者智能的技术，例如纳米技术和战斗机隐身技术；

（4）中等技术，这类技术包含半自动化或者智能化的操控能力的技术，例如精密数控机床技术和载人登月技术等；

（5）低级技术，这类技术主要指劳动力密集型的技术，例如服装加工厂工人缝制衣服的技术。

从上述的分类及举例中可以看出，单纯的技术所涵盖的内容主要指的是一种操控某种对象并通过其达成某种目的的技巧、能力、方法或者流程[6]。例如纳米技术就是一种在纳米级别的微观空间中对物体进行操纵的能力，而像波音787梦幻飞机则是一大批对材料等对象进行加工、处理、组装的综合性技术。

因此，如果将技术的内涵进行扩展，便可以将对信息的处理、知识的传播等不可触摸的方法和过程都囊括到技术的概念里。美国学者伊曼努尔·梅赛对于技术的定义就对上述涉及的几个方面进行了一个完整的总结：技术就是为达成某种目标为导向的知识体系，其中包括操作手段和工具的使用。

根据前面技术的定义，可以对现实生活中的各种情境是否涉及技术或者技术的使用进行判断。例如：

（1）原始人制造石斧；

---

6   参考《技术的本质》中对于技术定义的表述，布赖恩·阿瑟著。

（2）原始人使用石斧；

（3）婴儿使用勺子；

（4）将军带领军队打仗；

（5）超能力肉眼X光透视、瞬移、仿生变形。

根据技术所包含的对象而言，上述这些案例都属于技术的范畴，即主体是不同阶段和技能发展水平的人，对象是各种不同的实际物体（如石斧和勺子），还有虚拟的对象（如指挥打仗）。至于最后一个案例中的超能力，如果将技术必须限制在特定社会发展阶段的限制放开的话，则也可以归类到技术的概念中。或者更加严格地说，透视、瞬移等超能力是存在于漫画作品想象中的虚构技术。

2. 技术的标志

前面关于技术概念判断的案例分析同时也从侧面凸显了技术作为一个在不同社会、文化、文明发展阶段所通用的词汇所具有的一些标志。显然，技术在不同的社会发展阶段的定义都是适用的，但是在某一个特定的社会阶段，会将某些技术认作想象而非技术，例如前面提及的超能力透视和瞬移的技术案例在当下或许是作为一种异想天开的想象，但是不排除在不远的将来，通过特定的途径可以实现这样技术的可能性。

就好比在几千年前，人们从来不曾想过会有电磁波以及通过其实现千里传音的电话机，但是在电力技术发展到一定阶段后，人们对于电磁波技术的探索便走上了快车道。从这方面来讲，技术本身并不能脱离一定的社会发展阶段而存在，其包含的操作手段和工具都具有一定的前提或者说是环境要求的。

技术对于所处的环境也具有一定的要求。一般而言，一种技术有效往往取决于技术本身能作为一种强大的工具来达成预期的目标。但是，这往往是理想的理论状态。在技术的实践过程中，技术往往受制于环境的约束从而部分或者整体地影响技术的作用。

例如，人工智能技术就完全依赖于计算机及机器学习等技术作为基础。同样，现代信息技术例如视频聊天、社交网络、远程学习与协作等都依赖于互联网技术和数据编码技术的不断进步。更加典型的案例还包括电力不仅作为一种能源，其传输和使用更是对现代社会产生了巨大的影响，信息社会所产生的每一项新的技术发明几乎都依赖于对于电力技术的应用。

因此，在认识技术的概念的过程中往往还需要考察技术所处的目标环境。如果把技术的发明作为一项非常杰出的设计创意的实现的话，那么根据前一节所提及的关于设计创意的意义的解释，可以发现技术对于自身的作用也和设计创意一样存在诸多限制。此外，从社会学的角度来理解技术对于特定环境的依赖的话，可以举例的是语言学习和使用的技术在一个没有使用该语言的社会环境中所存在的意义。

3. 技术的载体

技术的作用是需要载体的。脱离特定的载体的技术往往会很快地消亡，无法延续传递。例如，很多传统工艺的能工巧匠、技师等人群面临绝活后继无人的困境就是受到原材料的短缺和时代变迁的影响。当传统木质建筑不再是现代建筑的主流的时候，传统的建筑木雕就自然受到限制。同样的，当今天不再用锡壶，那么修补锡壶的技术也就慢慢淡出了历史。当然也有更加积极的案例，例如纸张的发明刺激了一大批相关的技术的产生和发展，例如水墨国画等。其他近现代的技术，例如电脑硬盘等技术的出现都为其他技术的发明和发展提供了载体。

技术常常令人兴奋，例如新的医疗技术的发明可以有效地解决某一类病症带来的痛楚；技术也经常令人感到害怕，例如基于原子核裂变技术的原子弹在战争中的运用。艾伯特·爱因斯坦认为像后者那样的技术如果不加以限制，甚至会造成人类覆灭的后果，但是托马斯·爱迪生却认为人类对于技术的运用会随着社会的发展有控制性地释放其能量和影响，就像他所发明的电影一样，会给传统的教育、生活、社交等带来积极的影响。

更有甚者，例如法兰克福学派的代表人物马尔库塞，他认为正是技术的进步造成了对于人性的压抑和摧残，并对人类的自然生活产生了强烈的干预力量，而正是对于技术的操纵和使用导致了个体的批判性的不断削弱。从上述不同视角对于技术的态度中可以看出现代技术对于单纯的对象操纵和工具使用的简单含义的超越。人们通过学习来理解、控制和使用技术，并在此过程中学会如何适应技术的使用方式以准确地掌握这种操控对象的力量。但该过程往往欠缺对于技术这种力量在具体应用背景下的影响的认识，即人们可能对于技术将如何影响他们的生活以及潜在地掌控他们的未来知之甚少。

尽管现代科学和工程等领域已经提出了众多用于了解技术的方法，例如模块分析以及多学科交叉分类等，但是人们对于技术将如何影响社会生活的方方面面仍然面临喜忧参半的情况，即技术乐观主义和悲观主义的分裂。

4. 技术的态度

如果进一步思考"为什么要学习技术"这个问题，那么可以部分地理解前面的这种针对技术的分裂态度。一方面，技术确实给人类社会生活带来了巨大的、不可或缺的便利。例如，在三个世纪之前进行国际旅行的话将花费几个月甚至几年才能到达目的地；但是今天，类似的旅行只用花费几个小时，现代交通技术特别是航空器技术提供了令人愉快并且便捷的交通方式。

但是反过来，人们同时希望技术能够简单些，这样生活会更加美好。支持这种论调的案例是计算机，想象一下，在用计算机工作时突然出了蓝屏的故障，辛苦一天的数据全部丢失会怎样地刺激用户发狂。或者，老年用户在使用具有眼花缭乱动效的手机的时候会期待其能否更加简单些。还有更加明显的例子是，交通工具的使用虽然带来了巨大的便利，但是由此引发的空气污染、道路拥堵、交通安全等问题正日益成为现代城市的通病。面对这些现状的时候，就需要深入思考这到底是技术本身存在的无可避免的缺陷，还是人们在使用这些技术的过程中所产生的副作用。

1.3.2　技术的产生、发展过程

1. 技术的产生

技术不是凭空产生的，也不是在科学家和发明家的头脑里直接获得的。相反，大多数技术都会有一个产生、发展、消失的过程，差别在于不同的技术在各个阶段的持续时间、表现形式及影响程度不一样。

技术是与人类的发展进程相伴而生的一种现象，它不是一开始就存在也不是一直以某一种形式固定不变地存在。例如，在人类进化尚未达到猿人的阶段之前，猴子采摘树上的核桃是一种本能的行为，并不涉及对特定的工具的使用或者是对象的操作。稍晚些的猿人在开始有意识地使用石头砸开树上的核桃来获取食物的过程中，才开始将这种对于石头的特定使用方法固定为技术——虽然是一种非常简单原始的技术，但它展现了利用某种方法对对象进行操控从而达到某种目的的完整过程（见图1.21）。

图1.21　猴子与工具使用[7]

因此，从技术与人的关系的角度来解读技术的发展历程，可以说，技术的起源和人类的发展存在从属的关系——没有人类出现当然也就谈不上什么技术了。而从人类进化的过程来看，最初产生的技术的典型表现就是石器工具的使用及制造。直至今日，在自然科学技术的定义中，还保留有一个非常重要的观点，即技术的最典型表现就是工具的制造和使用，例如前文提及的纳米技术、航空航天技术、计算机技术等。

技术的起源通常被认为是作为文化形态的原始技术现象的历史发生过程。通俗地理解，在人类起源时期的技术的产生和使用可以理解为人类历史的技术现象。譬如，在20世纪初产生了大量与

7　来源：New Study Shows Use of Tools Supports Learning in Nonhuman Species，http://news.uga.edu/releases/article/tool-use-supports-learning-nonhuman-species-1013/

电力相关的技术发明，这段时期就可以理解为人类发展阶段的电力技术现象，即某一时期中的特定技术的集中发展和应用。计算机、互联网、无线通信技术的快速发展构成了当今社会技术发展的主要背景，因此，如果从完整的人类进化历史的角度来审视今天社会的技术阶段，可以将其定义为人类发展历史过程中的信息技术现象。

理解人类发展历史的技术阶段并不能完整地回答"技术是怎么产生的"这个问题。前文的举例中没有解释猿人最初是受到什么样的启发或者是刺激才开始用石头砸核桃的。同样，这些例子中也没有解释为什么新石器时代的原始人开始逐渐改进粗糙的石器制作工艺，并获得了加工兽骨以及复合工具例如弓箭等的技术。了解这些过程背后的原因和动机，有助于更好地理解和预测现代社会环境下的技术将导向未来的什么方向。

重新分析一下原始人从简单石器到精细石器到复合石器的使用过程或许有助于了解技术的发明和发展过程的特点和规律。

在旧石器时代，原始人开始学会把石头打碎获取小块的石头薄片，从而获取具有砍、削、锯、凿等功能的简单石器。这个阶段的石器制造技术并不能精确地控制加工石头的结果，对于用于打碎其他石头的工具石头的使用效果也不好。很快，打制的石器开始出现，之前的简单石器开始变得更加轻便也更加锋利，制作获得的石头工具的种类也大为丰富和灵巧。打孔器、叶片状的石头刀片等精细技术条件下才能产生的工具开始大量出现。

在单个的精致石器的基础之上，原始人开始更进一步将多种形态、材料、用途的工具进行组合。例如，将锋利石片的后部打孔并插入木头作为手柄，将尖锐的石头绑在木棍的前端制成长矛、梭镖，甚至将更加小巧的长矛和具有良好弹性的木头结合制成了弓箭（见图1.22）。至此，原始人对于技术的发明和使用已经与现代社会的技术产生、发展过程在本质上没有多少差别了。

图1.22 从简单石器到精细石器再到复合工具的技术使用[8]

---

8 来源：*Adaptation - volume 1*, https://transitiontownpayson.net/2013/12/10/adaptation-volume-1/

需要注意的是，从简单石器到精细石器再到复合工具的技术使用的案例中包含了三处技术产生发展的关键点：第一处是简单石器工具的使用，第二处是从简单石器到精致石器的过渡，第三处是从精致石器到复合工具的转变。下面我们进行具体说明。

（1）简单石器的使用。

德国哲学家恩斯特·卡普认为技术的产生源于人们对于器官及其功能的模仿。譬如，用手捏碎果实逐渐演变成用替代性的物体来实现手锤击的功能，用手分离猎物的肉演变成用采用更加锋利的石片完成切割的功能，用凹陷的手托举食物演变成利用碗来盛放食物等。时至今日，这种技术的产生方式仍然能在生活中观察到，例如挖掘机。因此，可以认为使用简单石器的技术正是来源于人类对于自身器官和功能的不知不觉的模仿。

（2）复杂工具的使用。

与前面的简单石器技术的使用相比较，复杂工具的使用首先证明了原始人在工具制造技术上的进步。或者说，这标志着原始人从简单工具的制造转向利用简单工具制造复杂工具的提升。虽然其他动物例如黑猩猩也存在利用简单工具的能力，但是这种利用工具制造工具的技术提升是人类智慧所独有的。复杂石器的使用同时证明了原始人在掌握工具使用技术上的长足进步。劈开一块巨石并不必然地产生一把锋利的石片以用于制作石斧。因此，利用初级工具精确地制造复杂工具包含了工具使用技术自身的提高。与前面简单石器是对于人类自身器官和功能的模仿不同，这种技术的提高过程主要受到功能需求的推动。

（3）从精致的单个石器工具到复杂工具的使用。

相比较前面的从简单到复杂的石器工具的使用，从单个石器工具到复杂工具的使用是一种更加重要的技术产生方式，也就是说，通过单个工具技术的使用来实现复杂工具技术的产生和使用。这种形式的技术产生方式在已经拥有充分技术基础的现代社会具有特别的意义，因为在信息社会，几乎所有新技术的产生都依赖于基础技术的使用和组合。例如前文提及的物联网技术就是基于计算机系统技术、互联网技术、传感器技术等，而其中每一项具体技术又依赖于其他的基础技术，例如计算机系统技术基于计算机硬件与软件技术。在这个阶段，技术的产生和发展需要大量的设计创意的结合。

2. 技术的发展

前面针对原始人使用石器的相关技术分析解释了技术在原始社会的产生、发展过程及其受到的驱动方式和技术进步的形式。需要指出的是，这三种不同的技术产生和发展形式在现代社会仍然适用，并且在各个工业设计创意方面有着不同的演变形式和独特的重要性。美国著名经济学家布赖恩·阿瑟在其《技术的本质》一书中就提到，哪怕是研究经济学领域的报酬和收益理论的时候，也无法回避技术的影响。并且，他把技术的这种或改良或突变式的演变称为"进化"，就像是生物界对于生物在成就历史过程中所进行的自然选择一样。

以此为基础，前面解释的原始人的三处工具技术的变化可以分为狭义的和广义的"技术进化"两种。很显然，第二处的技术变化是石器工具技术的一种渐进变化，它专指技术在操控能力方面的提升。相比较而言，第一处和第三处的原始人的技术进化则围绕一系列的家族技术形成新的技术，这有点类似依赖血统的家族纽带。

把利用复杂技术产生新技术的过程比作"进化"是一种形象的比喻。从对技术进化研究的角度来审视这种比喻可以发现一点都不新鲜。在达尔文的《物种起源》学说发表后4年，另一位科学家塞缪尔·巴特勒就提出了一个类似的概念：两个蒸汽机之间发生可以繁衍后代的联姻，机器被用来生产新的机器，技术被用来发明新的技术。

巴特勒的概念可能有些夸张，但回顾历史可以清晰地发现，某些技术确实是其"祖先技术"的后代。例如，美国历史和社会学学派的社会学家吉尔菲兰就对船的技术进行了谱系研究。从独木舟到帆船再到蒸汽轮船，他对独木舟的发明和演变、帆船的逐渐完善、蒸汽轮船的发明等进行了系统的梳理。这形成了技术发展过程中非常重要的一点，即技术的进化存在某个特定的谱系，谱系中的技术的变种会随着不同的目的、环境、任务和使用者而产生适应性的改变。

因此，如果借助达尔文的物竞天择的生物进化论的框架，技术的发展过程可以用一个类似的模型进行概括：通过不同环境中各种因素刺激下产生技术的变种，这些小的变种逐渐得到稳定的积累，当某一个变种技术为使用者提供巨大效益时，就增加了其对于未来技术选择和使用的影响。

技术确实是按照前面概括的模型那样不断进化的，但是它的局限性在于无法完整地解释某些突变的技术是如何产生和发展的，例如激光、雷达及其他横空出世的技术。这类技术在出现之前并没有得到大规模的应用并繁衍出众多的变种技术。

相反，内燃机不是蒸汽机的变种，核能也不是电力的变种。"没有前置技术""一触即发""新颖"是对于这类技术的产生和发展的生动描述。这种类似于从爬行动物一下子进化出了智人的技术突变过程貌似有些让人疑惑，但是仔细分析这种新技术的组成部分，就能在前文提及的技术的族谱进化的基础上察觉出技术突变的蛛丝马迹。

3. 技术的进化

基于技术的族谱进化发展方式，一种新颖的技术必然是基于或者是繁衍自某种先前的技术。换句话说，组成新技术的各个部分必然是与现在或者过去的某种技术有联系的，但仅仅从整体来看，这些技术联系就跟一个黑箱子一样无从着手理解。但如果我们打开一台内燃机，就能发现里面的零件及各项组成技术都已经在之前的技术中出现过了。例如，曲轴、活塞等就已经在蒸汽机中得到广泛应用，而油料的燃烧控制技术也已经出现。

因此，从内部分解的角度来讲，这种突变的新颖技术其实来自于其他技术的集成和组合。沿着这个角度再来审视革命性的技术创新，其横空出世的中断式的特征就不明显了。也正因为如此，布赖恩·阿瑟把这种类型的技术发展概括为"组合性进化"，也就是说，技术在广义上是已有技术的新的组合，或者说，新技术一定是已有技术的组合与发展。需要注意的是，这种组合并不仅仅局限于20世纪社会学家和经济学家们所指的"纯粹的技术"，后续还逐渐进化衍生出了艺术与技术的结合。

另外需要注意的是，这种组合性的技术发展同时也是一个逐渐累积的过程。我们可以这么认为：对某一类技术的组合产生的新技术在被用于其他新技术的组合中的时候，最前面的这类技术也同时被包含在了其他的新技术中。这解释了前文中原始人以精致石器技术到复杂组合工具技术的飞跃。这一方面是石器加工使用技术的不断积累组合，另一方面是木头采伐、加工和使用技术的不断积累，最后将这两种技术进行组合便形成了弓箭的制造和使用技术。因此，弓箭的这种技术可以理解为是石器技术和木头技术的累积组合的成果（见图1.23）。

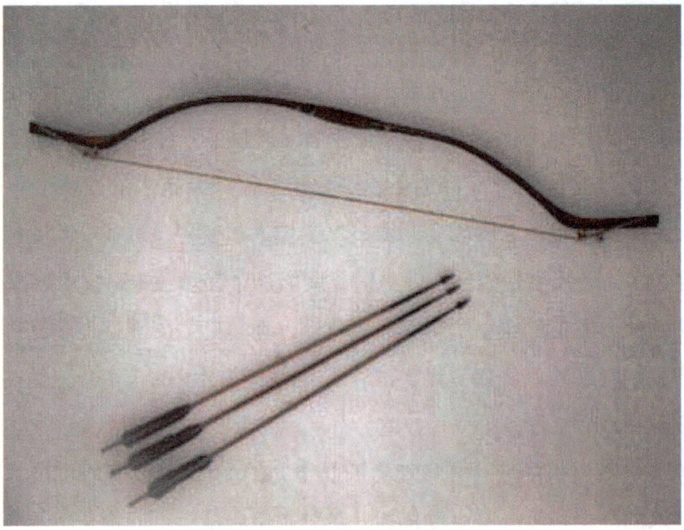

图1.23　弓箭技术的累积组合

1.3.3　产品设计对于技术的要求

日本作家立石泰则在其《死于技术：索尼衰亡启示》一书中写道，很多曾经用过立体声收录机招摇过市的人都会觉得这台收录机有一个SONY标志是一定必要的，就像今天人手一部苹果手机一样（见图1.24）。同时他从作为一个单纯用户的角度描述了当时人们对于SONY收录机的迷恋，并把这种某个品牌产品的吸引力称为"不可思议的魅力，让人忍不住产生一种占有欲"。

与其说立石泰则迷恋的是索尼的品牌及其生产的收录机产品，倒不如说他是被索尼产品高品质和先进的收录音播放技术所折服。显而易见，产品设计对于技术有着紧密、多样的要求。不仅产品的设计过程需要一定的技术介入，设计成品后的产品也需要具备特定的技术以支持产品功能。回顾产品设计（或者称之为工业设计）的历史，可以发现技术在整个产品设计过程中的作用。

图1.24 索尼收录机

很难想象如果没有技术，一架飞机将怎么制造出来并用于空中运输，甚至于普通的日常生活产品的设计（如脸盆在制造过程中模具的制作）也需要金属加工等技术的介入。这种形式的技术在产品设计中的介入很具有典型意义。

假设结合了技术的产品设计都具有一个基本的技术原理，例如要让飞机飞起来或者让塑料成型为脸盆的样子，为此下一步就是找到实现某种需求的解决方法。或者说，下一步的工作就是根据技术原理寻找合理、详尽描述的问题。进行问题的详细描述的好处是一方面它可以准确地捕捉满足社会、经济、军事等活动产生的各种产品设计的需求，另一方面它还形成了对技术在产品设计中的另外一种结合。

【例9】例如，飞机的设计师们早在20世纪20年代就注意到了飞机在空气稀薄的高空飞行可以大大地减少燃油的消耗并同时显著地提高飞行的速度。但是与此相矛盾的是当时的技术水平，即螺旋桨飞机在达到高空飞行的时候会由于空气稀薄、氧气含量不足而产生发动机功率不足的情况。针对此处产生的飞机在高空巡航的需求，就需要一个不同于螺旋桨与活塞结构的技术原理来推动飞机在高空正常地飞行。

这种在产品设计中从产生需求并进一步发展到对新的技术原理的需求过程是至关重要的。当产品设计中出现新的技术原理的需求的时候，前沿研究领域里可能只有极少数的先驱者在进行探索实践，可行的技术解决方案甚至还没有出现。如果这个步骤中出现了解决方案，则说明当前的技术就足以应对产品设计中的技术挑战。因此，那些瞄准解决技术原理挑战的人所遇到的是必须满足某个需要，例如高空中的发动机功率及必须克服某种限制（如空气稀薄但是必须保持燃料燃烧充分）。

从具体需求到技术原理需求的下一步是技术需求，即将需要解决的技术原理简化并转换为某个或者多个技术问题。还是以飞机发动机为例，在螺旋桨和活塞发动机在高空保持功率的需求发展出一种新型、轻巧、高效并且适应高空稀薄空气的动力设备之后，问题就简化成了技术性的问题，即是否仍然需要螺旋桨、热动力学设备、冷空气进入后急速喷出等技术问题。到此为止，高空发动机这个产品设计过程中针对技术原理部分的挑战就变成了一堆具有详细需求描述的技术问题。

【例10】以日常生活中的保温壶产品设计为例，针对保温或者保冷功能的需求会首先在日常生活过程中被提出来。假设提出的是一种能在短时间内迅速将热开水降温至适宜饮用的程度，然后又能将冰冷的水在需要的时候进行加热的功能需求，那么就对其中的技术原理提出了新的需求和挑战，即需要一种新的技术能够将热量像海绵吸水一样地在需要的时候释放或者吸收。

毫无疑问，此时同行的技术解决方案还远远没有出现，如何将技术原理的挑战简化为具体的技术需求问题需要寻找合适的材料及热能处理方法。因此，找到一种材料来快速、大量地吸收热能并储存至需要释放出来加热冷水就成为了技术需求。找到这种吸能金属材料并将其应用到保温杯产品的设计中（见图1.25），便实现了技术在产品设计活动中的完整结合。

图1.25 保温保冷的杯子产品设计与吸能材料技术

（2）新的技术的介入会提升产品设计。

布赖恩·阿瑟把这种新技术在产品设计中的应用称为"已知技术的新版本"。也就是说，几乎所有的产品设计在某种程度上都并非是全新的设计，而仅仅体现为一项新的技术的解决方案。但产品设计对于技术的要求往往还不止这些。

前面的案例提及了产品设计在很大程度上是受到需求驱动的，因此会产生对新的技术原理的挑战并最终通过形成技术问题的描述来促进产品设计的成形。另外，产品设计的需求也可以来源于现象。也就是说，产品设计对于某个技术现象的观察直接就与产品设计的最终目的连接起来。

这其中非常有趣的是，产品设计这个过程在前面的描述中开始于技术现象而非需求，就好比当人们注意到了某个技术现象或者接触到了该技术现象的理论时，突然就有了一个断崖式的产品设计理念，而接下来的产品设计流程则与前面的无异了。在这种情况下的产品设计对于技术的要求往往更加具有暗示性，即产品设计所应当采用的技术及原理已经简单明了了。

（3）应当注意产品设计师在此过程中对于技术现象的暗示的接受和理解并不是一致的。

【例11】举个技术发明的例子。发现了青霉素的弗莱明并不是第一个观察到霉菌附近细菌死亡现象的人，但其作为医生的背景带给他职业敏感并将这种现象与最终的抗菌产品联系起来。

（4）另外需要特别指出的是，产品设计对于技术的要求除了在需求与现象这两种主要途径之外，还存在另外一种途径。

如果仔细观察生活中的许多产品设计的案例就会发现，其中很多的设计都不是单纯地从需求或者现象得到启发而开启产品设计之旅的。布赖恩·阿瑟在《技术的本质》一书中把这种独特的技术发明途径称为"概念的物化"。他在书中列举的一个非常典型的案例是自主推动飞行器的发明和进步。

【例12】早在20世纪初，人们对于自主推动飞行器的需求就已经非常明确了，并且对于相关的技术原理的探索也已经为飞行器的研制指明了技术原理，即通过动力推动来使得空气产生对固定机翼的巨大升力从而托举机体离开地面飞行。通过早期对风筝等原始飞行器的观察，人们对于飞行的基本原理与强烈的飞行需求几乎是同步发展起来的。

有趣的是，尽管已经拥有了两大主要途径，但在长达几百年的时间内成功的自主飞行器并没有出现。有一种解释是：尽管主要原理已经清晰，但是很多次级原理，例如自主飞行器的大功率推进设备及空气动力学的飞行姿态控制等并没有得到解决（见图1.26）。

图1.26　早期飞行原理与飞行控制

总结而言，产品设计对于技术的要求主要存在于三种途径：

（1）通过产品设计中的用户需求来导向新的技术，这种方式在现有的产品设计方法流程中普遍存在。同时，这也是技术的发明和发展的一种主要途径。

（2）通过技术现象和技术原理的理解来进行产品设计，该部分与产品设计创意中的灵光一现的即时灵感相对应，是现有产品设计流程中经常遇到的。

（3）在既有产品设计需求和基础技术原理已经存在的条件下，但是相关的次级技术原理等尚未成熟。例如太空电梯就是非常典型的案例。这种电梯的物理原理及相关的结构设计等都符合各项技术原理，但是目前仍然未能解决材料、动力等次生技术原理的挑战。

1.3.4 技术对于产品设计的意义

前面提到了产品设计对于技术是存在不同阶段不同层次的要求的，因为产品设计本身的需求及流程受到众多来源的驱动，例如社会需求、技术原理现象、基于现有技术原理的概念物化等。反过来看，技术对于产品设计也存在不同的意义。即使是同样一种技术，在不同的产品设计中也会产生截然不同的社会影响。

技术已经成为影响产品设计创意及实现的复杂因素之一。

【例13】以当下流行的3D打印技术为例（见图1.27），它不仅为设计领域带来了崭新的设计工具和原型及最终产品的实现方法，允许更加迅速地定制化生产消费者所期望的产品设计，更将整个产品设计的传统流程带入了一个新的个性化定义生产的时代。在产品设计的众多方面，例如产品制造的复杂细节、小批量产品的多样性、材料组合的自然性、设计发挥空间的灵活性等，3D打印都给产品设计带来了巨大的技术优势。

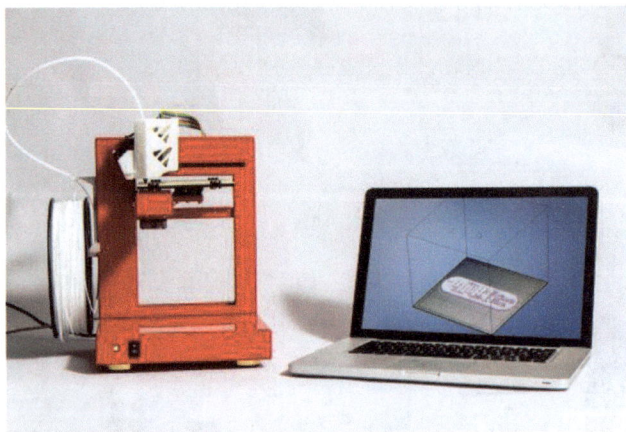

图1.27　3D打印技术对产品设计的影响

以往产品生产受限于产品金属模具工艺的复杂结构、细节，如今可以通过控制3D打印软件成型，并且不会增加额外的制造时间或者降低产品质量，产品的多样性也因此受益。传统的产品设计流程需要一整套配套的制造设备，否则就只能停留在概念草图和模型层面。3D打印技术的进步直接替代了中间的制造设备生产和装配的重要环节，并因此节省了从设计到工厂生产的磨合过程，提高了生产的效率。类似的，3D打印技术的产品成型方式决定了其在材料组合上的自然性，例如通过不同颜色塑料的逐层交替来形成产品的整体外形，这很大程度上突破了传统模具技术只能用单一原材料成型的局限性。

更加重要的是，3D打印为设计师打开了一扇新的个性化设计的大门。传统产品设计需要设计师充分考虑批量生产所带来的用户需求、潜在市场风险及成本控制问题，但显而易见的是，这些局限如今正在被3D打印技术突破。如今设计师可以根据用户的个性化需求展开针对性的设计，并通过3D打印技术来进行定制化生产，从而由个性设计转向智能制造。

另一个例子是，近些年发展起来的高级计算机技术的虚拟现实技术跨越了计算机图形学、仿真学、并行计算、人工智能、多媒体技术及高性能计算机技术等，形成了对产品设计的新的影响。借助虚拟现实技术建立的三维模型可以显示完整的细节，例如汽车的曲面变化、底盘的焊接点等。通过这种方式，产品设计在对于不同部件的质量、性能等方面形成更加可视、准确的控制。

【例14】例如，美国通用汽车公司就已经将虚拟现实的技术成熟地应用于汽车外形设计的早期阶段。通过在三个面上的大屏幕投影，配合第四个大屏幕作为单独的控制系统，通用的汽车设计师现在能从简单的勾勒开始直接构思一辆汽车的外观设计，并快速将其应用到流水线生产。这是技术给产品设计带来的显而易见的积极意义。

新的技术不断产生形成了信息化社会下的新技术潮流，并日益对传统的产品设计产生新的影响和意义。物联网技术、可穿戴设备、智能硬件等新的技术形态正在形成新的产品设计范畴——设计不再局限于实在的可触及的硬体对象，它已经逐渐进化为一种虚拟的交互方式和嵌入日常生活方方面面的智能。

【例15】例如，人工智能技术正渗透入日常生活中，并形成了新的领域——环境智能，而其中的产品及其设计都是建立在新的交互模式之上的。可穿戴技术可以看作是一种人们对于极端激进的未来交互技术在用户接受度的坚硬现实面前的一种妥协。

也就是说，在引入前沿的交互技术到产品设计的过程中，将设计的载体合理地嫁接到现有的、熟悉的日常生活品中来。智能手表、运动手腕、谷歌眼镜、睡眠头套等产品的设计无不显示这种技术对于设计的渗透，并展现了信息产品设计快速、高效、即时的特点。甚至于网页、视音频内容、用户界面等非实体的信息产品的设计也无不显示出技术进步所带来的改变。例如，不同的图标风格、流行的界面趋势、压感触摸的交互方式等都随着智能设备制造技术、计算机图形渲染技术等的进步而不停演化。

除了一些新兴的制造和信息技术带给产品设计的巨大影响和意义，一些在逐渐进步中的传统产品设计领域所涉及的技术也在不断地改变着产品设计自身。其中既具有悠久历史传统，又与不断变化的产品设计相关的技术就是材料技术。

产品设计向来是采用新材料以营造新的观感、触感及其他感官刺激的先锋领域。与服装设计领域截然不同的是，产品设计会更加积极地采用新型材料并形成更加广泛的社会影响。而且，在产品设计中所能采用的新材料技术的范围也比其他领域要广泛得多。仔细观察美国国家航空航天局发射升空的每架航天飞机，都可以发现其是具有包罗万象的材料技术的合成体，例如从外壳的隔热瓦泡沫到里层的高强度钛合金，从座椅表面覆盖的织物到舱内各处设置的合成塑料，从舷窗的高硬度玻璃到密封橡胶圈……

甚至简单的日常生活用品（如脸盆）也展示了材料技术的进步影响产品设计的痕迹。从最早的原始人用以蓄水的石坑开始，逐渐到他们用木头制作脸盆，再到金属，然后到现在的塑料及其他复合材料（如陶瓷等）。

一方面，技术的进步带给产品设计更多的选择来实现产品的形态和功能，上面的脸盆的形态和材料的设计变迁就是有力的佐证。

另一方面，技术对于产品设计也产生了新的负面影响，并在快速的现代市场节奏中凸显出其道德困境。例如，在塑料这种材料技术出现并快速渗透到日常生活中之后，其无法自然降解、用于食品包装时存在安全性等问题便开始显现出来。

从上面的技术对于产品设计的影响的角度而言可以看出，技术的影响并不仅是正面的，同时也存在消极、负面的影响。技术的这些消极影响倒不是由于设计师故意为之，相反，大多数这类影响都是在产品设计之后的使用阶段才逐渐显现出来的。

【例16】前面提及的塑料袋就是最典型的案例之一。其他的技术对于产品设计的消极影响也能从使用过程中观察到蛛丝马迹。例如，数字媒体技术增强了信息内容的表现力并且支持更强的交互性，但是它也形成了"容器"效应，即使用这些技术的人们开始沉迷于封闭的数字媒体内容之中甚至将其等同于现实世界。

关于上面提及的这种从正常的塑料袋的设计演变成塑料污染、从高逼真度的数字媒体交互到社会化交往障碍的现象，有一个统一的描述——技术的异化。前面章节中提及的芬兰对节能灯的推广过程及最终节能灯节约电能的效果就生动地展示了技术异化给产品设计带来的破坏性影响。在信息技术及其产品设计中也蕴涵着同样的技术异化风险。例如，高度信息化后的个人学习能力会开始依赖特定的信息搜索工具和来源，由于信息商品化导致的分工专业化而使每个人都成为独立的个体，专注于作为经济人自身范围所涉及的利益关系而削弱了社会的整体凝聚力。此外，信息产品所依赖的个人身份信息也开始在这个关注隐私的时代成为风险源。利用特定的信息产品设计进行他人身份信息的盗用并进行非法活动是技术异化的后果之一。

　　尽管不同的人们对于技术的看法存在或乐观或悲观的预期，技术对于产品设计的影响总体上却是中立的。如同核能技术的产品化设计实现一样，它可以成为战争的武器、造成巨大的灾难，也可以作为巨大的能量源，甚至于在未来可能走进更多的社会领域（例如交通），用其设计出小型核能驱动汽车。与第一章中的设计创意的意义相呼应的是，技术本身并无法决定其影响的好坏，关键的是如何在产品设计的过程中与设计创意进行融合，并指向一个设计的价值目标。通过这个途径，技术与设计创意进行了结合，并形成了对社会、经济的影响。

◣ 1.4　创意与技术融合的概念

　　前面一节中提到技术对于产品设计的影响及产品设计过程中对于技术的具体应用和要求，并提出了技术需要结合产品设计的创意才能产生和实现其对社会、经济的巨大影响力的观点。为什么设计创意与技术进行良好结合显得那么重要？如何理解当前的设计创意与技术相结合的现状？将设计创意与技术进行完整衔接需要满足什么样的要求？这些问题会成为本章主要的讨论对象。

　　与此同时，设计创意过程本身是个跨领域的协作过程，在本节试图寻求每个问题背后的答案的过程中会结合前面两节关于设计创意的意义及技术对产品设计的意义等内容，通过案例进一步解释设计创意与技术互动融合的概念。

1.4.1　创意与技术融合的意义

　　要回答设计创意与技术融合会产生什么样的意义的问题，首先需要了解结合了技术后的设计创意能做哪些前所未有的事。纯粹地从设计创意出发展开的设计很难预测其是否会取得巨大的市场成功。有人认为的天才般伟大的产品对于另外一群人而言可能只是一时头脑发热的玩具。

　　推而广之，不知有多少天才般的设计创意由于没有合理的技术提供成熟的功能开发支持而被嘲笑为异想天开。中国古代的千里眼、顺风耳之类的大胆想象也因此只能存在于小说故事里。如果反过来看，技术条件充分的环境下的设计创意则显得合理得多。例如有了蒸汽机之后，创意一个能够日行千里的交通工具便不再显得那么不着边际。因此，从设计创意的合理性的角度来说，创意和技术的融合是有非常积极的现实意义的。

　　但是，简单回顾近现代的产品设计史及技术进步史就能发现，缺乏设计创意的技术也不能从技术的先进性上得到保证。

　　【例17】一个典型的案例是高清视频的标准格式技术之争。以索尼为代表的一边持有的是蓝光高清格式的视频及相应的播放技术，另一边是以东芝为代表的高清DVD。两边的高清视频技术视觉效果相对接近，东芝的技术具有较好的价格优势，而且背后有一些强大的个人电脑及配件制造公司支持；而索尼的格式则得到了好莱坞众多电影公司的支持，具有更加优秀的高清内容支持。在两者旷日持久的技术标准竞争中，索尼最后胜出的原因除了其得到了非常重要的好莱坞高清视频内容提供商（包括电影公司、制作公司等）的支持外，另外一个很重要的原因就是得到了其周边与高清视频消费相关的产品设计的支持，包括索尼的游戏机等自身对用户具有很强吸引力的设计（见图1.28）。

图1.28　蓝光高清视频格式与周边产品设计

上面的案例展示了设计创意与技术之间密不可分的关系，并从缺少任何一边的角度描述了产品设计可能遭受的失败，当然这也同时证明了设计创意与技术融合的重要性。

1.4.2　创意与技术融合的现状

对于设计创意的现状的描述有一个非常形象的词——设计趋势。美国设计师马特·马图斯把这种趋势称为"富有创造力的设计师们追求完美的原创性设计而产生的新事物"。他的描述很好地解释了设计创意在当前社会的现状，即充分利用创造性设计来产生更多的设计，而且越来越多。但是，从技术的角度来看马图斯的这种描述，则能看出技术在设计创意中的重要性方面并没有得到准确强调。

【例18】例如，马图斯所强调的设计创意更加关注如何通过创造性的方式实现沃尔玛商场里的一件10美元的生活必备物品（如泡茶用的勺子）的设计。能够从设计创意与技术实现两方面同时解释产品设计的例子还是很少见。

从纯粹设计创意的角度来说，在一个专业设计师的眼中或许已经很难找出完全新颖的东西。传统的手工艺、当前的现代主义设计等都经历了很长的设计创意时期，而新的设计主义还没有完全成型。因此，从设计创意与技术融合的现状来看，还没有什么新的设计趋向能够和20世纪中叶流行起来的现代主义相抗衡。奇特的、超现代主义或者后现代主义的产品设计创意多半没有被广泛地接受，它们只在精品店或者是商业展览上偶尔出现。而且，仅仅从设计创意的角度来看，这些新的设计趋势也存在相互矛盾的地方，因此不可能形成并引导未来的设计创意与技术融合的方向。

不可否认，技术已经成为影响设计创意的新的复杂因素。如前文所述，新的技术为设计创意带

产品设计创意与技术开发

来了新的工具和表现方法、更加高级的沟通方式、更具冲击力的产品体验。例如，现在的技术能让消费者在购买某件商品的时候全程追踪工厂生产、运输、上架等环节。通过测量用户的身体尺寸并经过计算，销售商能很快地向工厂提交个性化的订单并通过快捷的物流收货。

但是上面这个并不是技术介入设计创意并形成巨大影响力的最典型例子。当前互联网渗透进日常生活所形成的物联网及智能产品的潮流展现了典型的技术融合进创意、同时促进设计创意蓬勃发展的力量。

【例19】斯蒂芬·古德温（Steven Goodwin）对智能家居开发经验的描述中就提到了一系列将技术融合进传统家居产品设计的案例。这些案例包括了电话、泰迪熊儿童监护、电子相框、家庭气象站、安全门禁、感应咖啡机、时钟收音机、自动化的家庭供电系统等（见图1.29）。这些案例的最具特色之处并不在于新的技术的使用，也不在于传统家居产品的改造。相反，其中最大的特色是新的物联网技术在家居产品设计创意上的实现。

目前的这种特色只是物联网技术与家居产品创意相融合的初级现状。可以想象，随着技术的日渐成熟与应用范围的快速拓展，设计创意将层出不穷，并反过来促进物联网技术的进步，例如安全性的改进、连接稳定性的提高等。

图1.29 物联网技术与家居产品设计创意的结合

能够很好地描述另外一种技术与设计相融合的现状的案例是技术的模块化和软件与硬件开发的独立化。传统方式的技术模型阻碍了技术本身在设计创意中的融合活动。

【例20】例如智能家居所依赖的微型嵌入式电脑在10年前是需要专门的嵌入式系统工程师来操作的，这给偏重于感性设计创意思维的设计师们竖起了不可逾越的学习壁垒。而这种壁垒则进一步阻碍了设计师对嵌入式系统功能的理解，从而削弱了创意与技术完美结合的可能。

但是现在，类似的微电子技术逐渐形成了模块化，组建一个完整的嵌入式系统开始变得像搭积木一样容易，这给了设计师广阔的空间来想象什么样的技术能够用于什么样的场合、解决什么样的问题。同时，由于硬件技术正在趋向模块化，针对这些硬件的软件系统也开始变得专门化。小型的单片机有微型的操作系统，智能开发板也有独立的开发环境。

当前创意与技术融合现状的典型表现就是"创客"活动的兴盛。前面提及的硬件模块化和软件的专门化，以及开源社区的活跃为创客活动的设计创意提供了充分的技术支持。一个新的产品设计创意可以通过三维建模软件快速地进行评估以及渲染效果检查，然后快速地转向3D打印机制作产品模型。这一系列的活动将传统的拖沓的产品创意设计进行了高效的整合。

不可否认的是，当前的这种类似"创意—三维打印—产品"的快速技术迭代路线并非完美。传统的设计创意方法在这样高效的技术实现能力面前显得无力，各种重复、低质量的设计创意开始充斥市场。由于对快速成型技术的依赖，新生代设计师对于其他设计创意实现技术的关注也在减少，例如传统的机床加工等。

因此，就创意与技术融合的现状而言，特别是针对设计师这个群体来说，当前的现状表现出了积极的创意快速融合技术的趋势。但是，在此过程中如何将创意融合进技术的实现过程中并完整地再现设计创意所要传达的价值和意义，仍然面临很多的未知，需要进一步加以探索。

1.4.3　创意与技术融合的要求

站在21世纪，回头审视之前各种设计趋势与技术在不同年代的发展与变迁，例如20世纪五六十年代各种设计潮流的百花齐放，七十年代风头减弱，八九十年代消解式微，设计创意似乎陷入了一个无休止的循环。从单纯的设计创意的角度来看，各种设计视觉符号似乎早已被消耗殆尽——无论是MAC电脑的彩色塑料外壳（见图1.30）还是明清家具结构（见图1.31）。

图1.30　MAC电脑的五彩外壳

图1.31　明清家具结构

　　但是从技术快速进步的角度来看，设计创意正持续地从中获得灵感并演变出新的设计创新。例如从洗衣机、洗碗机到电视机，从家庭电话到移动手机，从桌面电脑到笔记本电脑再到平板电脑，周而复始的设计趋势通过融合不同的技术实现了对用户需求的不断拓展。

　　问题是：在技术加速发展的背景下，成功的产品设计创意为什么仍然那么少？或者换个角度思考：一个设计创意与技术融合并取得成功、被大多数用户接受需要符合什么样的条件？

　　（1）更新对设计创新的理解。

　　创新在商业模式里的含义指的是功用加上意义。但是对于设计师而言，创新随着技术的进步正在发生持续的改变。产品设计创意的解决方案需要明显好于前者，要么在功用上，要么在外观上，必须展现出新的高明之处。克兰布鲁克美术学院的家居设计师斯科特·克林克对此补充道，设计创意还必须能使得设计方案能融入使用者生活中的具体使用情境并产生期望的意义。可以这样理解，产品创意的形式并非新的技术背景下的设计创意需要的全部，功能的提升与意义相结合的产物才是前沿设计创意所追求的。

　　（2）为个体而设计，而不是为技术而设计。

　　为技术而设计正在作为那个技术匮乏年代设计师们无助选择的缩影逐渐退出设计的主流，取而代之的是为个体而设计。但这里同时要注意的是，为个体而设计并不意味着为每个人设计，或者说，设计要达到民主化。每个人都首肯的"好"的设计创意往往不能持久，因为那样的话务必会使设计创意的精力集中于形式上，从而抛弃了在功用和意义上的追求。大众文化的流行就充当了这样一个刽子手的角色，它迫使设计创意注重形式并尊其为唯一，而这样的产品多是短命的——想买，买了，用了，丢了，然后还剩下什么呢？

　　（3）系统思考，主动设计。

　　在时装界有大量的设计师着迷于追捧来年的流行趋势，其实这种追捧背后反映出的是设计师们对于"设计预测性"的渴望，而这背后隐藏的更深层次的原因是设计师们对于来年用户需求的不确定性的恐惧。斯蒂夫·乔布斯之所以被认为伟大，他对消费者对未来产品的渴望的魔法般的预见能力功不可没。试想，连用户自己都不了解的需求，他却能通过自己的预见并结合高超的细节工艺表现出来，难怪乔布斯说："大多数时候，你没有把设计给用户看之前，用户根本不知道他们想要什么。"

【例21】这里有个非常典型的案例是日本OXO设计公司的开放刻度量杯的设计（见图1.32）。OXO的设计师观察了厨师在烹饪过程中使用传统量杯的完整过程，发现大多数的厨师都是在添加一定量的液体后扭头去看看刻度然后再做添减，最后得到准确的量。实地的调查表明厨师们对于这种使用方式毫无怨言，甚至认为本来就应该这么做。如果问厨师应该如何改进量杯产品，结果极有可能是什么改进都没有。但是OXO的一位设计师注意到了厨师反复扭头这个环节，于是在量杯的内壁上增加了一个斜向的刻度表，从而使用户可以不用扭头就能直观地看到液面的准确读数。结果可想而知，这款产品一经推出就受到了广泛的好评并为公司赢得了良好的商业和设计声誉。

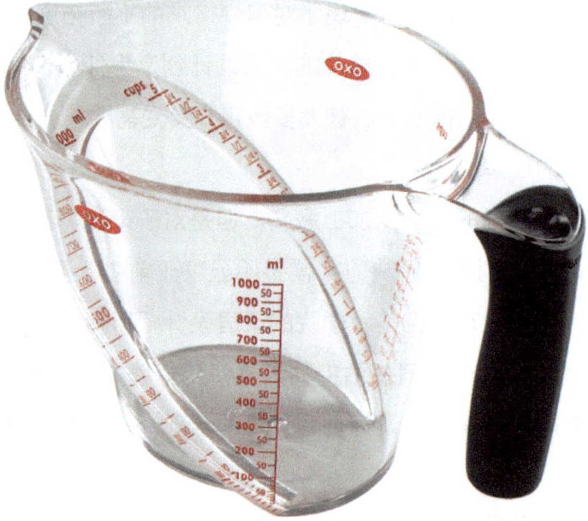

图1.32　日本OXO设计的通用刻度量杯设计

（4）最后，调整产品设计创意的表达与应用方式。

前面提到新技术的介入给予产品设计创意新的实现工具、沟通方式、实现途径。因此，在设计创意与技术融合的设计创新的表达及应用过程中就需要进行必要的调整。基于新的技术产生的设计创意解决了一半的问题，即表达了设计创意的具体表现形式，这对于设计者及用户理解设计创意是很重要的。

但是，用什么样的方式进行设计创意的沟通和传达在很多信息产品设计者眼中看来则是需要斟酌的。例如，将一件家用工具通过"魔术"般的形式展现出来，会使用户觉得这个平凡的世界都是一个充满蜘蛛侠、机器人的神奇世界（见图1.33）。

类似的，使用数字技术进行信息产品设计创意的表达的时候，就可以充分结合数字技术专业简介的展示方式，综合利用图像、声音及其他多媒体元素。前沿的数字技术发展已经催生了增强现实技术的应用，但是相关的设计创意仍然只限于特定的演示、游戏等领域。例如结合了实体雕塑的动态交互影像展示就对产品设计创意的表达及其应用的具体情境提供了充分的渲染。

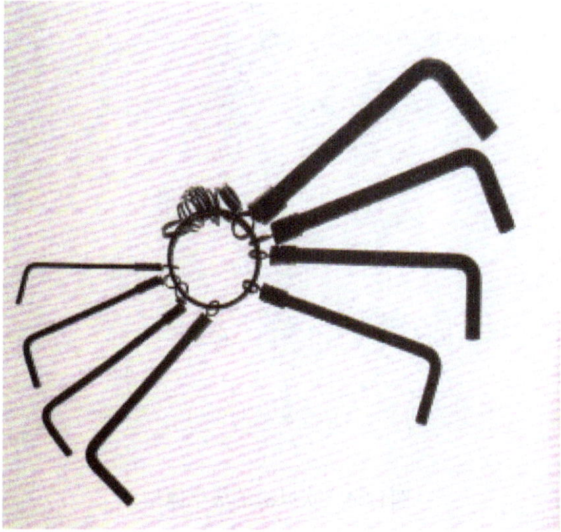

图1.33　设计创意的"魔法"般的表达方式[9]

1.4.4　创意与技术融合的典型案例

前文讲述了大量设计创意如何与技术进行融合、当前两者融合的现状和趋势、将两者完整融合所需要考虑的要求等。为了拓展对于设计创意融合技术进行重要设计创新活动的价值和意义，本小节列举了两个典型的设计创意与技术相融合的案例。

【**例**22】第一个案例是吹风机。最早的吹风机原型在19世纪末产生，如图1.34所示。原型的产生依赖于一个重要的技术条件，如图中机器所连接的，它需要能够连续驱动空气运动来产生风的技术，理想的技术是电动机。以此为基础，电动机技术被创新地应用于多个产品，包括电风扇和吹风机。电风扇的设计创意是顺向的逻辑，即用电动机产生风。但是，电吹风设计创意的产生则更加"逆向"，即不是利用空气的流动冷却而是利用加热烘干功能。

【**例**23】第二个案例是电动牙刷（见图1.35）。电动机技术在电动牙刷面世之前已经存在了一个世纪多。它被用于各种领域，包括前面提及的电风扇、电吹风和其他需要电动马达的场所。但是将其应用于口腔护理和自动化刷牙则是最近十几年的事情。如前文解释的技术和创意的相互影响关系，电动机技术在产生、发展和成熟的各个阶段都存在无数设计创意的可能，但是电动牙刷仅仅在近些年才开始流行。

9　《创新设计思维》*Idea Generation*，尼尔·伦纳德，加文·安布罗斯著。

图1.34 吹风机的最早原型

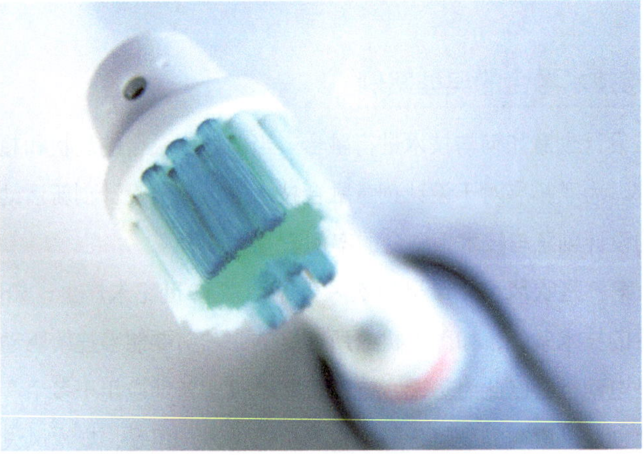

图1.35 电动牙刷的技术创意

问题与思考：

（1）在不同的时代和社会背景下，设计的创意会表现出何种不同？

（2）设计创意对于技术发展的影响和意义具体有哪些？

（3）技术的产生和发展如何影响产品设计的创意过程和结果？

（4）将设计的创意和技术进行有机融合的方法有哪些？

（5）如何认识设计的创意和技术的开发进化进行融合之后对于社会的影响和意义？

创意与技术融合篇

第2章　技术背后的设计创意

一个显而易见的事实是，单靠一项技术无法长久地支撑产品在市场中长久地占据领先地位；同样的，单靠一项出类拔萃的设计创意也不能够完整地支持产品在市场竞争中长久地保持优势。因此，通过观察那些非常成功的产品及其设计可以发现，技术与设计创意的持续融合是共同的选择和持久的追求。从过去成功的技术案例和设计创意案例中，寻找在关键节点中对敏感技术的选择和对设计创意灵感的捕捉，以及对两者进行有机融合的过程和实现方法，可以发现，技术融合创意的过程并非一帆风顺。或许正是这些饱含曲折的案例，更加能够给今天的产品设计师和工程师们提供丰富的参考和借鉴。

本章主要针对技术背后所支撑的设计创意的产生、发展、消亡的过程，讲解了在不同行业中，具有非常典型性的技术与设计创意相互融合并取得巨大市场成功的实践案例。通过对案例中的技术基础、创意起源、创意演进、创意成形等方面的具体解释，本章的首要目的是让读者加深对技术与创意融合的直观理解，从而促进对于技术和创意两者在实际环境下实现融合的过程中涉及的关键节点的体会，并为未来的技术创意产品设计提供参考。

2.1　创意的力量

2.1.1　设计创意案例——索尼Walkman随身听

1. 案例背景

随着智能手机的普及及无处不在的网络音乐的日益渗透，索尼的Walkman随身音乐播放器可能对于当今的年轻一代而言正在快速成为明日黄花。但是，在半个世纪以前只有收音机的时代，索尼公司开发的Walkman的横空出世，仍不啻于石破天惊的惊世之作，并被广为流传，至今仍有影响。

前面章节中提到研究索尼公司衰亡原因的日本作家立石则泰对于索尼产品——尤其是Walkman的追崇之情：“SONY标志有一种不可思议的魅力，让人忍不住产生一种占有欲（见图2.1）”“当我感叹索尼特丽珑彩电的画质是多么精美时，它已经上市很久了”。

图2.1 索尼的品牌与Walkman产品

　　但是难以想象的是，即便是像随身听这么成功的产品，当初索尼的创业者盛田昭夫在董事会上宣布要将Walkman随身音乐播放器从产品研发转入到商品化的时候，仍然遭到董事会的强烈反对。理由很简单：基于这种随身播放技术的创意产品"很难卖得动"。更具体的理由是，因为市场上已有的类似随身播放器产品的销量并不理想，而且用户对于这种随身音乐的需求也并没有那么强烈。因为当时困扰索尼的一个非常有趣的问题是，研发了日本第一台录音机的索尼公司，为什么还要研发并销售谁都能制作的磁带播放机呢？

　　请注意这里的技术与创意的两个结合点：

　　（1）随身磁带播放技术已经成熟，并且能被大多数厂家获得，特别是对于索尼公司而言，与录音机相比，磁带播放机的制造并没有什么技术难点。

　　（2）随身音乐播放器的设计创意的创新性已经很低，市场上谁都能制作与其雷同的产品。正是在这种背景下，研发并倾心打造一款随身磁带播放器产品对于已经习惯了"索尼风格"的索尼公司来讲，将现有技术进行创新并且结合合适的设计创意不可谓不是一种保守主义下的突破。

　　2. 技术基础

　　在前面的背景介绍中，已经部分提及了索尼磁带随身音乐播放器的基础技术，其中主要包括两部分：

　　（1）磁带播放技术，这也是索尼Walkman赖以迅速成为明星产品并风靡许久的基础（见图2.2）。

　　（2）音质控制技术，这是索尼Walkman得以脱颖而出的关键技术。

图2.2　Walkman磁带播放技术

　　第一项技术在当时的日本录音和磁带播放行业并不缺乏，甚至可以说已经是非常普遍的技术，所有磁带播放产品的生产厂家都可以轻松获得完整的技术。与磁带播放相关的电机、信号处理和机械结构设计等也都已经具备非常成熟的行业解决方案。

　　第二项技术则是索尼在当时磁带播放器的普遍音质基础上进行的一次提高与创新。更难得的是，在原有的技术基础之上，在首批推出的Walkman受到市场的广泛欢迎之后，索尼持续地改进产品的机械结构设计，并前瞻性地引入了全铝合金超薄机身，从而在音质提高技术的基础上进一步提高了磁带播放器的整体技术水平。

3. 创意的起源

　　索尼Walkman的起源并没有其创始人传奇的灵光一现或者醍醐灌顶式的顿悟和设计创意。相反地，它的起源与成千上万普普通通的工业产品的研发过程一样，也是出自一个特别的需求之下的原型系统设计，并经历了曲折的融合之路。

　　Walkman的创意源自索尼创始人之一的井深大的一次在海外的出差经历。他想在飞机上也能够随时欣赏到立体声音乐，因此他去找了当时的索尼技术研发部分，并与技术人员商量，希望他们为他个人设计实现一台尽量小型化的便携式录音机来听音乐。请注意，这个时候井深大的特别需求所指向的仅仅是在当时市场上的大型便携式录音机的基础上的改良型设计，即缩小体积来满足在特殊场合的音乐欣赏需求。此时，完整的随身听的概念还远未在井深大的脑海中成型。

　　显然，一台改良后的便携式录音机并不能完全满足井深大脑海中对于随时随地听音乐的需求。在与技术人员的进一步沟通下，他提出了更加具体的需求，以便让技术部门更好地制作他所需要的产品。

在技术人员最后将崭新的磁带式播放机交到井深大的手中时，这台设备的音质效果令他非常满意，以至于井深大将此次试听形容为"优良的音质全部进入耳朵，用耳朵听最棒了"。

4. 创意的演进

如果井深大对于新的便携式磁带式播放机感到满意仅限于个人的音乐享受的话，Walkman的故事恐怕就到此为止了。但是，有趣的部分恰恰在于从音质和工艺部分的技术跨越到随身听这个有趣的设计创意。而一旦形成了明确的创意，结合技术的开发能力，那么后面发生的故事就自然而然地形成了索尼Walkman产品传奇的一部分。

在井深大体验了为他定制的便携式磁带式播放器并试用满意之后，他带着这台设备去找了另一位创始人盛田昭夫，并把试制品给盛田昭夫也进行了试听。后者对于高品质音乐随身听这个创新的概念也非常认同。这次会面的结果可想而知，盛田对于这款试制品也非常满意，并当即同意井深大的主张，决定将其进行商品化、推向市场。

5. 创意的形成

从最终面向市场的商品化了的Walkman产品来看，它在复杂和精巧程度上已经远远超出了井深大的那台试制品。从试制品到最终市场化的产品，其中对于产品的技术和创意都经历了一个再认识和再造的过程。

前面提到，井深大和盛田昭夫都决定力推Walkman的商品化。但是事实上，他们的这个决定一开始就遭到了董事会的集体反对。虽然Walkman最终凭借两位创业者的权威得以最终通过并重点研发和上市销售，但是当时连索尼自己的销售部门都认为销售这种产品是不可能完成的任务。也正因如此，Walkman一开始的命运并不被看好，而且一开始的销售策略也是偏向保守和消极。显然，直到产品进入市场销售，除了两位创始人之外，整个索尼都从传统的技术与创意的角度，分别审视这款一败涂地只是时间问题的产品。

但是故事值得学习和深思的地方恰恰在于此处的转折。一位当时负责Walkman销售的索尼员工后来回忆到盛田昭夫对他的一番话。其中提到了针对Walkman这样的产品的销售所应当采取的认识和策略——不仅需要从产品本身进行创新，也需要依据技术和创意的背景进行市场的创建，即培育产品的市场用户。

从今天的眼光来看，可以这么理解当时盛田昭夫的这番话：

当在技术和创意上都非常具有创新性的产品推向市场的时候，必须对消费者启蒙这个产品的功能特点等，从而激发用户对产品的需求。当时的一幅宣传海报凸显了这种对于技术与创意融合下的新产品的理解思路（见图2.3）。换言之，Walkman这种技术与创意融合产生的产品所传达的理念不仅仅指的是新产品本身，还包括在新技术基础上高品质的自信和与之相关的崭新生活体验和方式。结果是，Walkman成功了。

图2.3 Walkman的宣传海报

2.1.2 设计创意案例——iPhone智能手机

1. 案例背景

时至今日，iPhone可以说是迄今为止最成功的通信产品之一。

它超过其他曾经高度流行的电子产品，其流行程度甚至超过了前面案例中索尼的Walkman及苹果公司自家推出的iPod音乐播放器。iPhone的成功，很大程度上归功于苹果创始人之一斯蒂夫·乔布斯的狂热创新能力和高超的艺术水准。但是，抛开个人魅力和影响的因素，不难发现技术与创意融合所形成的合力对于iPhone成功的决定性作用。否则，仅仅依靠个人的产品偏好是很难吸引并持续扩大和保持如此大量的消费群体的。

　　iPhone是在移动通信技术大行其道，并且通话手机设计日新月异的背景下产生的。一组典型的数据足以说明苹果公司对iPhone产生时机的选择是多么深思熟虑。当时，移动设备生产商巨头诺基亚一年设计生产的手机款式达几十款之多（见图2.4），并持续以这种速度推出高质量的通话手机。但是，设计创意的数量并不能决定产品的最终影响力和是否成功。何况这些设计创意主要集中在外观上，相反地，在结合新技术或者技术的新应用上所涉及的创新设计很少。这种方式被当时的用户开玩笑地称为"各种形状的牢固的砸核桃工具"。

图2.4　诺基亚手机设计

　　因此，这种方式的外观创新给当时的手机消费者带来了普遍的手机审美疲劳。而且，由于诺基亚等厂商对于用户日益高涨的移动互联网的需求反应迟钝，用户对于手机无论是在外观设计、使用方式还是信息交互需求等方面的满足上，都逐渐积累了迫切的未经满足的需求。这就好比是用户的需求像即将爆发的火山，但诺基亚却只看到了温泉，对于即将喷薄而出的炽热的用户需求视而不见。

在这种情况下，整个通信设备市场都在静静等待一款新的产品带来新的创意理念，从而引爆一场大变革。这期间有很多手机厂商进行了有趣的探索，例如索尼爱立信公司的音乐手机（见图2.5）、黑莓公司的安全手机（见图2.6）及其他一些针对特殊行业应用的三防手机等，但无一能在技术和创意两方面同时提出革命性的设计。

图2.5 索尼爱立信音乐手机设计

图2.6 黑莓手机设计

2. 技术基础

iPhone的技术基础很大程度上依赖于一项新的交互技术——触摸屏技术。触屏技术主要根据用户手指的触摸产生对应的电信号并将触摸不同位置上产生的电信号转换成为相对的位置信息，从而对用户触摸的对象进行识别和反馈。关于触摸屏的技术原理的简要说明可以参见图2.7。

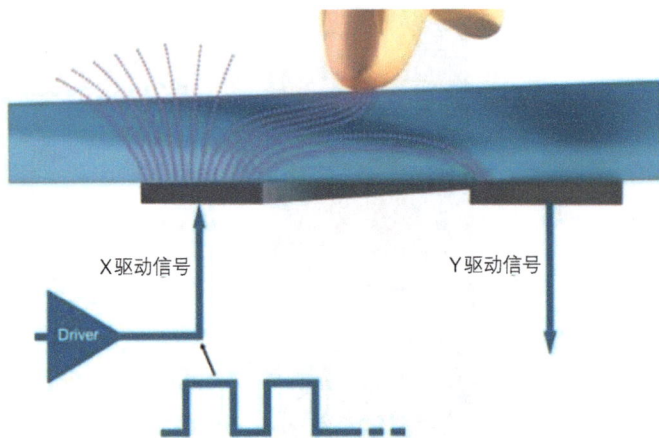

图2.7 触摸屏技术的原理

触摸屏技术并非苹果公司的原创。早在20世纪60年代，IBM就已经开始着手研究如何通过手指的直接触摸来和用户界面进行交互。1972年美国数据控制（CONTROL DATA）公司研发了PLATO IV（柏拉图5）计算机，并为其配备了一块16×16点阵的触摸板（见图2.8）。

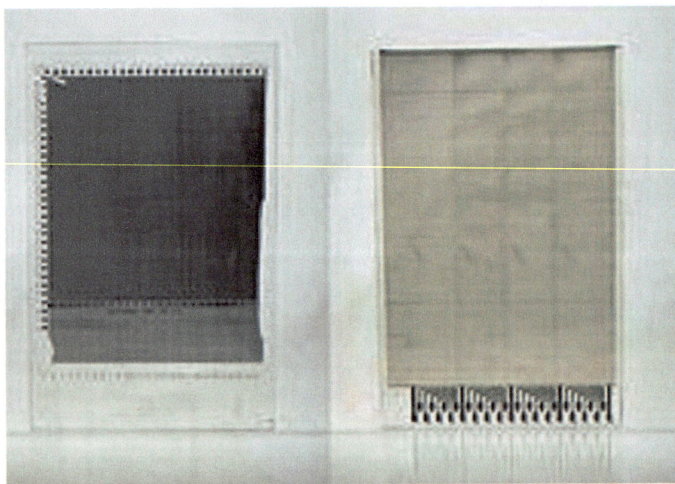

图2.8 PLATO IV 配备的触摸板

PLATO IV 所配备的触摸板仍然处于非常简单的系统原型阶段，其识别率和反应速度都还远跟不上用户的操作。1977年美国CERN公司开发了一款更加高级的多点触摸板，开始将触摸板本身作为独立的产品推向市场。从1982年起，多点触摸技术就已经开始快速发展并显示出良好的商业化前景。在该时期内，加拿大多伦多大学的研究人员首次发布了第一块用于人机输入的多点触摸板，美国麻省理工学院的研究也同时跟进，使用类似的技术进行开发。1983年，视频领域开始尝试多点触摸的缩放操作在视频播放控制上的应用，并取得了非常积极的反馈。1991年，学术界的研究重点已经开始转向复杂多点触摸技术和混合姿势交互的方法。1999—2005年，美国FINGERWORK公司开始开发触摸键盘，而苹果公司将其收购后两年，基于全屏触控技术的iPhone正式面市。

3. 创意的起源

与第1章中提到的苹果公司iPod产品的设计创意产生类似，由于苹果公司高度的保密机制，很少有完整的资料揭示iPhone的设计创意是如何在触摸屏技术的基础上产生的。但我们仍然可以从流传的故事、产品的设计风格和制造技术等方面，大致地了解iPhone的创意来源和发展过程。

《Inside Steve's Brain》一书的作者Leander Kahney在其发表的一篇文章中讲述了第一代iPhone的起源及苹果公司如何打造这款划时代产品的台前幕后故事。

iPhone的最初创意并非来自乔布斯本人。其最早的起源可以追溯到Jony Ive的设计团队对于多点触控屏幕的思考和探索。这个团队对于多点屏幕触控技术的前景非常看好，因此围绕其在智能手机上的应用进行了持续的开发测试。最后的试制品手机原型效果惊艳，并促进苹果公司决心涉足手机领域并大力进行市场化推广。

iPhone的创意最早起源于2003年年底，那时正值iPod Mini发布前夕，苹果的高级副总裁Jony Ive和他的团队在开会的时候如往常一样在进行头脑风暴。在此过程中，一位有着丰富工程设计经验并且极度热爱发明新技术的来自IDEO并于1999年加入苹果的工业设计师Duncan Kerr做了一些概念和功能演示。他在苹果公司负责的工作主要针对已经使用超过30年的鼠标和键盘之外的Mac系统新输入设备开发。Kerr展示了多点触摸技术在手机设备上的应用的新颖和高效——只用两三根手指就能很便捷地完成大部分的手机操作，而且可以进一步对屏幕进行旋转或放大、缩小。当时参加此次头脑风暴演示的苹果设计师在后来的回忆中，对该次演示惊叹道"这将会改变一切"。

4. 创意的演进

在Kerr演示多点触摸屏幕技术的时候，市面上的触控屏幕仍然处于早期开发阶段。大多数触摸式设备，例如Palm Pilots和Windows的平板、HP的PDA掌上电脑，都需要使用一支笔或者触控杆。操作的对象——无论是在ATM的大屏幕上还是在手机的小屏幕上——都只对单一压力点敏感。受限于此，许多自然的交互方式，例如放大、缩小、旋转和左右滑动等连续的动作都无法完整实现。

有趣的是，在Kerr的演示的启发下，这种具备多点触控能力的屏幕的优势引起了所有人的极大兴趣，大家开始严肃地思考在哪些情景中会用到这种技术。自然地，大家首先想到的应用的例子就是将其应用于Mac电脑的屏幕上，将其设计成为能够支持用户多个手指在屏幕上直接操作的输入设备。但是也不乏保守的建议，如有人提出保留鼠标、键盘的必要性及将多点触控作为选择性交互输入设备。还有一些人则提出将其应用于屏幕大小适中的平板电脑上，从而实现一些自然的交互方式，就像现实中看报纸一样用手指对屏幕上的文本进行滑动翻页。

Jony Ive对于技术和创意的敏感给团队中关于多点触控技术的潜在应用指出了新的方向。显然，对于这种革命性的可以完全替代鼠标、键盘、触控笔甚至滚轮的技术，他是不会视而不见的。因此，苹果的设备工程团队根据确定的设计创意方向打造了一款多点触摸的测试系统，配以两扇门大小的屏幕，并结合投影仪将Mac的操作系统进行结合演示。

以此为基础，Ive很快就想出了这种技术的新创意——将其结合至智能手机中，并亲自设计了第一款iPhone的草图（见图2.9）。

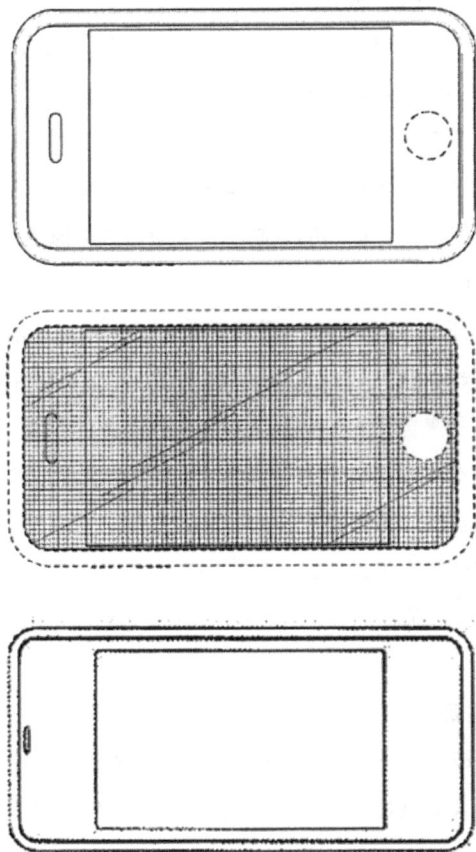

图2.9　Ive的第一款iPhone的设计图

5. 创意的成形

这里有一个关于iPhone从创意原型到最终商品化的小插曲。Ive演示原型之后，想直接将其展示给乔布斯看，但又担心乔布斯说这是"垃圾"，从而导致这个脆弱的创意被埋没，于是他选择了私下展示并征求意见。幸运的是，乔布斯也对这个结合了技术的经典创意赞叹不已，并称之为"这才是未来"。一周之后，一台12英寸的MacBook多点触控屏幕就制作出来了。

该原型展示了Google Map的位置寻找和操作。显然，我们今天看到的iPhone并不是这台12英寸的"巨无霸"，而是小巧的手持设备，而这个转变来源于演示中的一个小测试应用所提供的灵感。前面提及的这台12英寸原型机在苹果公司内部的开发代号是035，在测试这台原型机的时候用到了一个只占了局部屏幕空间的联系人滚动列表。用户可以用手指滚动列表并选择联系人，然后拨打电话或者发送信息——这瞬间就提醒了苹果的设计师这在手机上的应用也是完全行得通的。

在Ive倾心打造多点触控屏幕技术原型的时候，正是iPod产品如日中天成为苹果公司明星产品的时代。但是已经有证据让Ive相信，智能手机正在快速地侵蚀iPod产品的音乐播放器市场。

简单设想一下：有谁会随身带着一个能播放音乐的智能手机后还会再带上一个iPod？可以说，两者的融合是未来市场的一个趋势（见图2.10）。

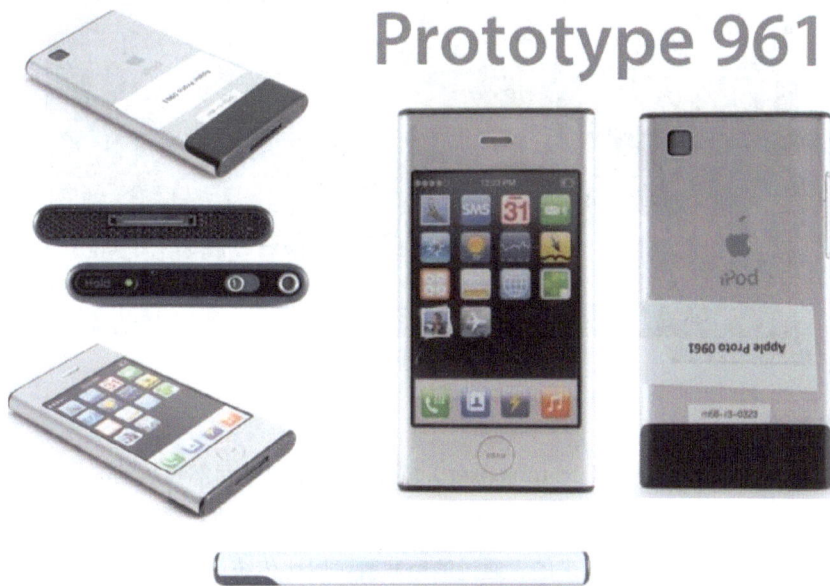

图2.10　融合iPod和手机功能的原型系统设计

促成iPhone最终成形的还有一个产品，那就是2005年苹果公司与摩托罗拉一起合作开发的iTunes ROKR E1手机。这款手机允许利用计算机从iTunes Music Store购买音乐，然后传输至手机播放。但是由于手机存储容量的限制及糟糕的用户界面，苹果公司的高层最终对开发自己的手机向往不已。

2.1.3 设计创意案例——DYSON无叶风扇

1. 案例背景

DYSON（戴森）是一家英国的高科技公司（见图2.11）。其创始人詹姆士·戴森设计了众多颇具影响力的产品，其中包括海上卡车——一款像卡车一样的高速登陆艇，用于在军事中快速运送物质、直接冲上岸；球轮推车——一款用球状轮胎代替普通轮胎，从而避免使用于清理院子的小车陷于泥泞的推车。当然，戴森最闻名的创意是其颠覆普通吸尘器原理、吸力永不减弱的真空吸尘器，还有本案例主要讲述的无叶风扇。

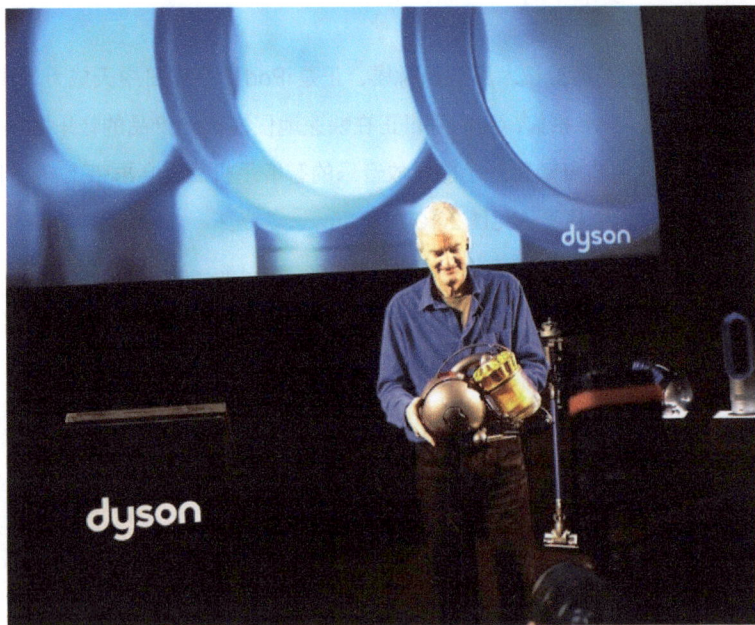

图2.11 英国DYSON公司

2. 技术基础

无叶风扇也称作空气倍增器（air multiplier），它主要用于产生自然持续的凉风。其不依靠风扇叶片对空气的切割来形成风力，而主要依靠对空气的快速吸入、加速和释放来产生平稳的气流。由于空气是被强制从一个圆圈里吹出来的，通过的空气量可以比传统风扇增加15倍，达到35公里的时速（见图2.12）。

无叶风扇利用了喷气式飞机引擎及汽车涡轮增加技术，通过底部的吸风孔吸入大量空气，然后在圆环边缘的内部隐藏一个叶轮，把空气以圆形轨迹喷出，从而形成一股不间断的冷空气流（见图2.13）。重要的是，这种空气的吸入、压缩和强制喷出能通过气流的粘滞力带动圆环中的空气整体向前运动，两种效应叠加使得吹出的风量倍增。

图2.12　DYSON无叶风扇的气流原理

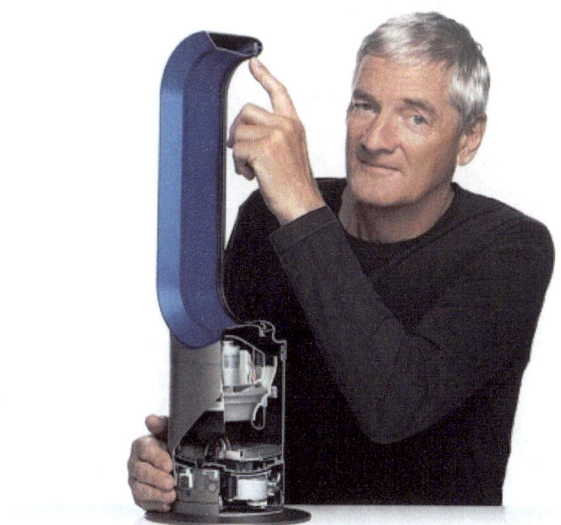

图2.13　DYSON无叶风扇的结构原理

3. 创意的起源

　　无叶风扇的最早灵感来源于空气叶片干手器，后者的原理主要是通过迫使吸入的大量空气经过一个小口来吹掉手上的水。同样的，无叶风扇就是强制短时间内吸入的大量空气从一个固定形状的风口吹出来。

早在1980年，日本东芝的前身东京芝浦电气就已经提出了与无叶风扇具有相同创意的专利申请。但是英国DYSON在2009年10月发布的无叶风扇由于在技术实现和设计上的卓越表现，被普遍认为是当前无叶风扇创意的主要发起者。不过，我们从DYSON的无叶风扇所号称的众多创新特点中，可以一窥其设计创意的源头。

例如：安全需求——免去了传统叶片风扇可能存在的对孩子的潜在危险性；健康需求——通过空气倍增技术优化了空气的流动，使得更接近自然风的效果对于孕妇和宝宝等对传统风扇、空调较为敏感的人群能提供更好的保健效果；功能便捷性需求——由于没有叶片，清洗方便，使用简单。

4. 创意的演进

DYSON的无叶风扇的创意和实现的演进较前面两个案例来得更简单顺利。2010年DYSON推出了第一代无叶风扇。该时期的设计创意着眼于环保与节能，因而在空气的吸气和压缩上保留了相当多的功率。

但是这也造成了由于功率限制带来的风力低下的问题。因此，2011年发布的第二代产品就着重在用户对风感的体验上进行了改进，在保持整体外观设计的基础上，增加了遥控器等便捷交互附件。

第三代的无叶风扇则对外形做了明显的改进，使产品在整体上更加时尚（见图2.14）。

图2.14　DYSON第三代产品的时尚设计

5. 创意的形成

无叶风扇几乎由戴森的创始人詹姆士·戴森一人主导，经历了最初的设计创意到技术的选择实现，以及后续的技术方案的调整。不可否认，与DYSON得以声名鹊起的无过滤袋真空吸尘器一样，相关的喷气式飞机引擎和汽车涡轮技术早在无叶风扇诞生之前就已经存在许久了。

但是，针对无叶风扇的设计创意或许受限于明确可行的技术，在很长时间内都没有刺激空气倍增技术的发展应用。回顾DYSON的无叶风扇案例的意义在于，可以从已经成功的技术结合创意的产品中倒推回去，从而理解该产品在技术发展过程中的进步及设计创意对于技术的引领作用。

2.2 技术需要创意

从前面的技术与创意融合的案例中不难发现，技术往往早在创意提出前便已经存在。因此，如果要问到底是技术刺激了设计创意的发生还是创意刺激了技术的发明，那么前者貌似更加切合前面的技术创意案例的情境。换言之，技术的发明、存在及发展会促进设计创意的形成。从苹果公司Jony Ive对多点触摸技术的兴趣和投入就可以发现立足技术基础上的对创意的需求。

因此，本节的主要目的就是通过对这种技术背景下的对设计创意需求的描述，来进一步厘清技术——无论是已经存在的技术还是尚未完全成熟的技术，甚至是还在想象中的技术——对其所匹配的设计创意的要求和联系。

2.2.1 技术的创意需求

技术的本质是操纵特定事物或者方法以达到某种目的的能力和技巧。

因此，从本质上就能发现，技术自身是带有目的性的。这种目的性经常反映为直接的用户需求，而实现满足这种需求的完整过程则可以视为设计和创意的过程，即如何通过技术的实现来达到目的。

技术对设计创意的作用和影响可以从以下几个方面来理解。

（1）技术使得信息处理的效率得到大幅提高。典型的例子是从文字处理技术为基础的电子化办公应用的开发和使用，例如微软公司（Microsoft）的Office系列软件设计，还有苹果公司的iWork系列办公套件软件产品。

（2）技术促进了人机和人人两种交互方式媒介的快速进步。以此类技术为基础产生的设计创意包括无线电通信的对讲机、通话手机和智能手机等。

（3）技术使得思想和情感的传递更加生动和具有说服力。虚拟现实技术（见图2.15）、增强现实技术（见图2.16）、混合现实技术（见图2.17）的发明和发展催生了无数非常具有想象力的设计创意。甚至有的设计创意本身就天然地与上述技术密切结合，例如增强现实技术天然地就与现实世界中的物理对象相结合，自然地利用了人们原先就已经非常熟悉的交互方式。

（4）技术本身带来的问题也同时会促进设计的创意。例如，白炽照明灯泡技术的耗电问题带来了新的节能灯泡设计，城市汽车的日益拥堵带来了智能交通的构思等。

图2.15　虚拟现实技术

图2.16　增强现实技术

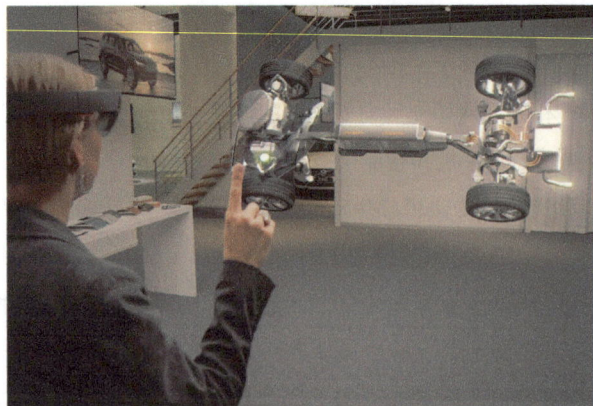

图2.17　混合现实技术

2.2.2　技术发展中的突发创意

没有人类就没有严格意义上的技术，因此回顾技术的发展历程，可以发现很多有趣的基于技术的突发创意实现。

1. 空中打印技术

3D打印已经迅速成为当前创意设计和快速制造的热门技术。从平面的打印到立体材料的打印，3D打印技术的出现大大地促进了设计创意的实现。在原理上，3D空中打印技术与一般的桌面3D打印机差不多，利用喷头把常见的ABS塑料材质融化然后挤压出来，从喷头上挤出来的融化塑料会在两秒内迅速冷却硬化，从而让使用者可以按照自己的想法把东西制作出来（见图2.18）。

图2.18　3D打印笔

2. 3M的POST-IT即时贴技术

3M公司的化学工程师阿特·弗雷是教会唱诗班的成员。他在参加教堂活动的时候习惯在歌本中夹书签，但是书签容易滑落，需要反复捡起来。有一天他突发奇想：能不能有一种用的时候能牢牢粘住，不用的时候又能随意撕掉的方便书签？凑巧的是，当时3M公司刚好有人开发出了一种胶水，可以粘在纸上又能轻易撕下来，但是由于不满足强力黏合的要求，该产品被闲置一旁无人问津。由此弗雷和发明胶水技术的人一拍即合，经过一年半时间的研发改良，一种粘撕自如的贴纸就诞生了（见图2.19）。

3. 虚拟键盘技术

虚拟键盘技术是对传统物理键盘的一种非实体形式的替代。它的出现解决了物理键盘难以携带、占用空间大及难以灵活地在不同表面上使用等问题。从技术原理上看，这种虚拟键盘的实现方案包含了一块控制电路板、两端的激光发射组件和图像接收组件（见图2.20）。

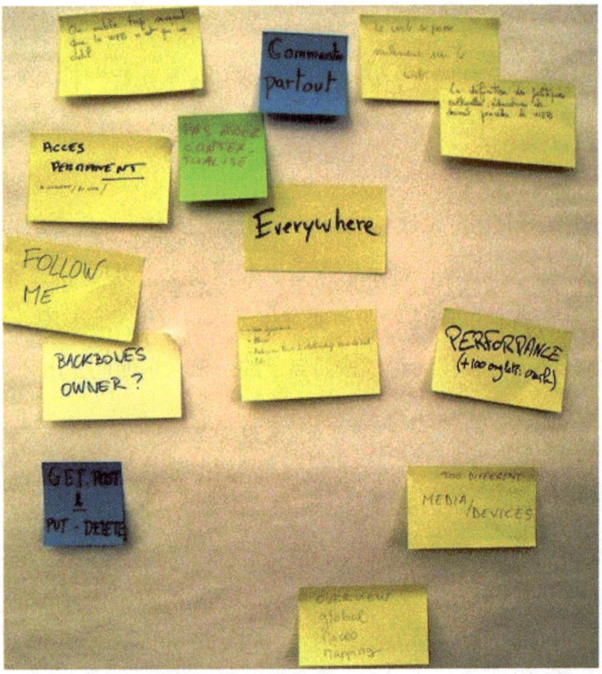

图2.19　3M公司的即时贴

图2.20　虚拟键盘技术

2.3　创意选择技术

前面的章节分析了技术是如何对设计创意提出需求并通过技术的进步不断调整设计创意的实现

的。本节将从设计创意对于技术的作用和影响为出发点，分析创意如何对产品设计中的技术进行选择并且影响技术的产生和发展。

2.3.1 创意对技术的选择

同一件产品可以由多种途径制造装配成型，同一个设计创意也可以经由不同的技术来实现。例如，当前智能手机的外观设计可以由全铝合金材质、塑料材质，甚至天然竹子或者木头材质设计实现。设计创意的实现对于最后选择的技术并不独特，独特的是在实现设计创意的过程中所形成的对技术选择的要求和参考。

【例1】以协和式超音速飞机的设计创意和技术实现为例（见图2.21），其从设计到投入使用再到最后退役的过程充分展现了设计创意在实现时对技术的选择动机。从20世纪50年代开始，亚音速喷气式客机就已经开始普及，但是随着超音速军用飞机的不断入役，人们普遍相信超音速客机是未来的技术发展方向。

图2.21 协和式超音速飞机

协和式飞机的机身细长，以获得较高的低速仰角升力，从而为起降提供便利，并且减少在超音速飞行中的空气阻力，如图2.21所示。有趣的是，飞机的机头被设计成为可调整角度式的，即在飞机起飞和降落过程中可以调低机头，从而为飞行员提供极佳的视野，而在超音速飞行的时候则变回原样。该设计创意显得非常巧妙，并且在实施过程中的效果也被证明非常好，但是仍然由于其机头调整设备的空间占用和重量而被广泛诟病。

协和式飞机的最初设计构想是立足当时的前段航空和机械水平，避免在未成熟的技术上投入过多。但在后续的研发中发现，其在空气动力学、飞行控制系统、发动机等方面均超出了预计的技术难度，因此研发人员根据最初的设计构思在后来对技术的选择进行了新的评估，并最终在技术实现过程中研发出了很多的新技术。

2.3.2　创意对技术的影响

前面的协和式飞机的案例显示了设计创意确定之后对技术的选择。除了对技术的选择作用，设计创意在很大程度上还对技术的发明和发展有着非常重要的影响。

要考虑创意是如何对技术施加影响，首先需要了解新技术到底是怎么产生的，只有在新技术产生的过程中分析设计创意的角色，才能完整地理解创意的影响。非常多的技术开发者把设计创意完全摒弃在技术的产生环节之外，理由是技术的发生很大程度上是一种创造行为，而且这种行为的核心显然在目前阶段是无法通过合适的方法来进行评估和解释的。

基于这种思维，人们在关于现代创意对于技术的引导性影响方面的思考很少深入探究具体的影响机制。就如同心理学中的意识或者心理这类概念，人们愿意谈论并且非常坚决地确认其存在和作用，但是并不想真正解释它是什么、是如何运作的。

【例2】计算机打印技术的发展历程可以完整地展示设计创意在技术的产生和发展中的作用。20世纪40年代，计算机打印仍然主要通过行式打印机来实现（见图2.22），其技术主要是带有固定字母的机械按键的打字机。该技术的产生主要受到当时大量书写工作压力的驱动，驱使工程师寻找一种能代替手写的快速文字输出工具。到20世纪70年代，行式打字机已经随着电子技术的迅猛发展进行了升级，按键也被换代成了固定的电子按键（见图2.23）。

图2.22　20世纪早期的行式打字机

图2.23 20世纪70年代的行式打印机

这其中的进化并非是随着电子技术的进步自主发生的。相反，设计师对用户更加便捷高效的打字机功能需求的捕捉促进了电子行式打印机的产生，从而将电子技术引入早期的机械打字机领域。类似的，随着后期激光技术的发展，计算机打印就开始通过引导激光在硒鼓上打印文本来实现了。在这个案例中，新技术的形成和发展都受到设计创意的驱动。

2.4　创意的产生

创意改变世界——这已经毫无疑问地成为全世界的共识。这里所说的创意不仅仅局限于爱因斯坦之类的伟人们的创造性思维，更重要的，它指的也包括寻常生活中的设计发明与创造。

【例3】例如16世纪的荷兰之所以能够称霸全球海洋渔业，除了其先进的造船技术，还得益于荷兰渔民发明的一种小刀。这种刀能够一次就将鱼的内脏去除并同时给鱼肚子抹盐防腐。一方面这极大地提升了渔业加工的效率，另一方面，能够防腐的渔产也因其高品质获得了更多全球份额。

这样的例子比比皆是，可以说，各种创意的产生已经成为人类生活生产中的重要部分。本节以创意的产生为主题，重点解释创意的产生方法、创意的产生过程、创意的实现要求、创意的效果验证，从而为系统地理解创意的发生和发展过程提供参考。

2.4.1　创意的产生方法

在观察技术和设计创意两者结合的众多案例后可以发现，技术不会必然地与设计创意进行结合并产生出伟大的设计来，不然也不会至今只有公认的寥寥数个经典的设计案例。探究其背后的原因，大概不外乎两种。

（1）一是技术的发展阶段不成熟，导致设计创意缺乏热情。

（2）二是技术已经成熟并被应用于特定的领域很长时间，但是一直没有产生独特的设计创意并形成划时代的设计产品。

两种类型相比较，第二种也就是技术创意缺乏的案例略占多数。

究其原因，技术的划时代进步与社会的总体科学技术水平正相关，因此不会有高频度的技术突破。但是正是在这种情况下，某种划时代技术诞生的背后往往伴随着极其丰富的技术长尾，即主流技术突破背后的无数技术应用拓展。

【例4】以电的发明为例，自从电流被发现并且被科学地掌握和利用之后，与之相关的电的技术就以加速的进度产生并影响了其后与之相关的一大批应用技术，其中就包括了电灯、电话、电磁通信等层出不穷的技术。

无论是技术的开发或者是设计创意的提出、发展，都在各自的领域内有着明确的方法论，并且相应地有着具体的方法。但是对于技术结合创意的跨界方法上，纵观学术界和工业界都未见系统完整的方法的概括和论述。

因此，本节的主要目的就是在原先分散的技术和创意两个领域的方法基础上，概括提取较为重要和使用频繁的方法，从而为技术与创意结合的融合提供方法上的指导。需要注意的是，本节中列出的技术与创意结合的方法并未囊括目前所有的相关方法，而是根据其重要性和使用的意义及各方法所属的类别综合选择了一部分方法作为参考。

（1）头脑/身体风暴方法。

头脑风暴方法包含一个典型的利用众多设计师或者用户的个人视角、体验和对产品的期望进行创意聚合和有条件筛选的过程。传统研究认为，一个规模小组包含充分的组员个体多样性，从而可以有效地激发小组个体的创造力，并就小组的创意主题形成集中的概念和想法。它有一些有趣的原则（如允许古怪的想法）来为参与的组员提供一个宽容的创意平台，从而刺激和交互创意理念。这种形式的创意对于挑战技术在传统领域中的应用并重新阐释技术的新应用可能时非常有用。另外，由此产生的创意也可以在一定的范围内产生非传统的技术应用方案，甚至可以结合一定的图像辅助手段进一步可视化创意，从而形成对新技术的设计应用的突破性构思。

与头脑风暴属于同一类方法的技术与创意方法还包括：身体风暴即，一种将头脑风暴以组员的身体参与为主的活动过程；衍生性研究方法即，一种强调自探索或者集体探索式的技术创意过程。

（2）组件分析方法。

现代的产品设计多是面向工业大批量生产的，换言之，对于某个设计创意下的产品具有大批量、高投资和高风险的特点。业界有一个关于产品设计的共识，就是一个好的产品可以救活一家企业，但是一个坏的产品也可以毁灭一个企业。因此，在设计创意开始实施之前，对其进行组件分析有助于了解完整的产品设计流程及需要投入的资源等。

组件分析方法强调的是设计创意中的产品本身。一般而言，通过该方法得出的结论可以反映产品及其用户的文化、时间和地点等方面的信息。通过分析这些信息，可以了解设计产品的本质，并通过与材质等的互动形成系统的产品设计开发印象。

（3）行为对照方法/实地观察方法。

一个假设如果有验证就更好，因此在实际设计创意下对具体的效果进行实地观察能系统地观察和记录设计创意在真实环境中提供的信息。

（4）认知过程方法/启发性评估。

启发性评估是衡量设计创意及其组成部分是否符合人们期望、是否确定某解决方法有用并可用的参考方法。通过收集用户偏好、审美和情感等反馈，启发性评估方法可以通过周期性的循环来发现和修正设计创意中的问题。

（5）价值机会分析方法/期望值测试/阶梯法/利益相关分析方法。

设计创意在提出的时候面临一个重要的问题，那就是如何评价其价值和作用是否符合预期的效果。好的设计创意可以充分展现它的价值，从而在产品的商业化中拥有更大的取得成功的可能。尤其是当今许多设计创意都是围绕提高人们的生活质量进行的，因此，通过阶梯式的期望值测试可以衡量设计创意在哪个方面可以进一步优化。

（6）行为/文化/技术探寻方法。

文化及文化背景下的行为是在产生设计创意过程中迈不过去的槛。探寻文化的表现形式等可以引导设计创意在新的形式下更好地自我审视，从而表现出对生活、环境等主题的启发。

（7）其他通用方法，例如访谈、问卷、故事板、调查等。

设计创意的产生离不开缜密的调查。收集调查信息同样有助于形成高质量的设计创意。例如问卷调查可以大范围地进行针对性的用户需求信息的收集，虽然问卷本身的设计会影响和干扰最终获得信息的可靠性和有效性，但是在总体上，这是为设计创意提供大量参考数据的有效途径。

2.4.2　创意的产生过程

创意可以通过成千上万种方法产生，但是其产生方式——如第一章所提及的——主要有两种。一种是随机的灵光一现，另一种是严密的方法的推导。两种都存在各自的问题，但是，从创意产生的过程上来看，两种方式其实是统一的。归纳起来，创意的产生过程主要包括以下3个阶段。

（1）需求的捕捉阶段。

通常的理解是，设计创意所针对的需求分为两部分，一部分是来自用户的需求，另一部分是来自技术的需求。有人把这两种需求统称为"梦"——人们所有的发明与创造活动都源自于人类的梦想。

（2）满足需求的探索阶段。

人们往往通过两种途径探索世界：一种是用严谨的科学方式以获得对自然科学规律的认知，另一种则是用感性的艺术和文艺的方式以获得情感化的有共鸣的体验。综合而言，这个过程是把思维转换为概念，然后进一步物化为外在设计表现形式的过程。

（3）概念的评估与重复阶段。

设计创意活动是人类文明活动的重要组成部分，它用以实现人们对理想和物质的追求。但是，人们所构思的概念并非一开始就与现实世界完全一致。

与一般的自然界的物体生长不同，设计创意涉及的造物需要有基本的技能来根据具体的需求提出针对性的解决方案，从而形成可接受的、满足功能需要的方案。但是这个自我反省的过程往往是重复性的，即对概念的评估结果常常会将其导向前一阶段。

2.4.3　创意的收集与整理

这里举一个Google公司对于员工创意的收集有着自己的一套独特的系统的例子。公司鼓励所有员工把各自所学到的或者想分享的东西写下来，规定是5行，不能多也不能少，然后提交到指定的地方，系统会自动建立索引并供其他人搜索分享。这个案例展示了如何通过收集设计创意来促进整体设计的创新。

2.5　创意的实现

创意实现的本质是设计活动的主要内容。设计是通过设计创意的实现获得创造带来的满足感、成就感及自我实现感，而用户则通过设计创意的实现分享创新产品带来的功能和服务上的需求满足。

但是如前面章节提及的，创意的实现不是一个线性的过程，它存在着反复的设计概念的提炼和价值验证，甚至到了后期制造阶段，也仍然面临着技术的选择和影响等因素。因此，本节主要针对设计师头脑中的设计创意如何实现成为产品展开，其目的是为更好地理解从设计创意走向最终产品设计的方法和流程。

2.5.1　创意的实现要求

缺少经验的设计师经常会问的一个问题是：我有一个创意，如何才能将其实现或者我想了一些点子，觉得非常可行，现在想把这些点子实现出来，但是感觉无从下手，通过什么方法才能把想的那些点子实现为真实的产品呢？

很多有创业经历的经验丰富的管理者也很可能会遇到这样的情况：一个团队号称已经有了绝妙

的创意，就缺少一个做技术的人来实现了。在这种团队眼里，实现一个设计创意就跟设计调试一个移动应用一样简单，只需要按部就班地完成所有功能需求，然后组装在一起就可以了。

但是很显然，从设计创意到产品实现的规则不是这么运行的，这种实现有着自己的规则和要求。例如，上面创意团队的案例中的设计创意的实现需要经历一系列的过程，包括简单的想法和构思，完整的需求分析，基于基础功能原型的需求分析，分析形成具体的功能实现方案，组建实现创意的团队，开始进入设计创意的开发周期，最后完成产品并进入维护阶段。其中每一个阶段都对创意的实现有着不同的要求。

【例5】在知乎上有人分享了一个关于一款手机口哨应用开发的有趣的例子。主人公为朋友设计一款手机口哨的应用，用于解决年纪较大的人小便时候得吹着口哨才能方便的问题，另外为小孩等哄尿的时候也需要这样的功能。到这里，设计创意已经有了，具体的功能也描述清楚了，一个简单的界面也由此构建完成（见图2.24 左边界面）。等测试的时候发现一个问题——每次按一下，放完一个，还需要再放口哨声的时候还得重复按一次。为解决这个问题，最初的设计创意就以另外一个方式来实现了（见图2.24 中间和右边界面）。

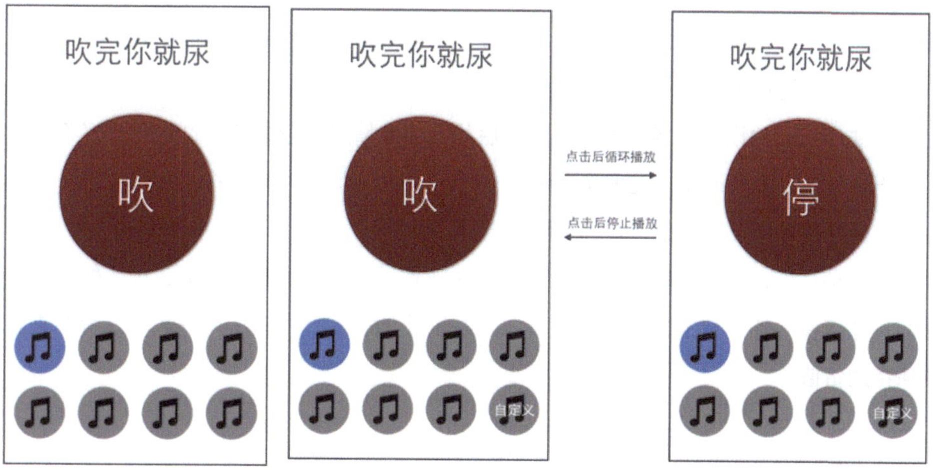

图2.24 口哨的设计创意应用的用户界面

从上述口哨应用的案例中可以发现，设计创意的提出往往只是其实现的最基础的部分，接着往下的每一个流程都包含了设计创意实现方案的困难和对其进行的必要修改。

2.5.2 创意的技术实现方式

设计创意的技术实现方式可以用美国创造学家阿里克斯·奥斯本（A.F.Osbern）所总结出的一种叫作going-stopping的方法来更加直观地表示。这里going代表对设计创意持续的发散，而stopping则指的是对设计创意进行收敛分析。两者交替进行是设计创意技术实现的最好方式。下面以该种方法的流程来解释设计创意的技术实现方式。

（1）需要根据设计创意中的用户需求和要解决的关键问题分析相关联的因素。

（2）在对前面因素进行分析和比较的基础之上，展开对可行的技术解决方案的整理收集。

（3）通过横向对比上述技术解决方案的优缺点，找到关键技术路线，并判断技术切入口及计划该技术的验证方法。

（4）通过上述步骤的循环往复，利用技术实现的预期来逼近设计创意的预期目标，获得最终实现方式。

◢ 2.6 创意的验证

本书第一章中提到了奇思妙想和异想天开的差别，其中的关键在于这两种创意方式的结果是否具有有用和可用的意义。换言之，得出的设计创意是否能准确地满足用户的需求或者解决具体的问题。

请注意这里的措辞是"准确地满足"，言外之意，异想天开的设计构思只是在特定的时间和情景下才显得不切实际。例如在古代，想象顺风耳、千里眼就是异想天开，但在通信技术快速发展的今天，这已经普遍地连创新的意义都够不上了。

另外，缺少经验的设计师经常感到心里没底的一件事情是：我的这个创意到底好不好？有没有意义？由于缺少对创意的验证方法和衡量尺度的了解，设计师们时常会将判断创意是否具有意义和重要性、可行性的责任推到其他设计师或者主管身上。

为打破这种局限，本节通过介绍创意的创新性判断、创意的重要性验证、创意的可行性评估还有创意在具体情境下的应用的实证，来综合地判断设计创意是否在满足用户需求或者解决问题方面上有着独特的价值。

2.6.1 创意的创新性验证

创意的创新性验证乍一看貌似是个伪命题，因为既然已经是设计创意了，又何来创新性验证的必要呢？但是下面举出的广为流传的例子能很好地反驳前面这种思维。

【例6】一厂家引进一条国外的香皂包装流水线，但是该生产线偶尔会出现空盒子包装。国外流水线设计开发单位接到反馈后，雇佣众多研发人员辛勤工作一年、花费巨大，终于利用红外探测结合自动机械臂解决了空盒的自动去除问题。但是国内采用该流水线的厂家的技术员仅仅用了一台大功率的电风扇来吹掉空盒子就解决了问题。

这个案例中的两种创意均成功解决了空盒子的问题，并且在实现技术要求、成本、适用性等方面有着显著的差异。有人会赞叹国外厂家的严谨和投入，也有人会褒奖国内厂家的灵活和务实。造成这种评价差异的原因难道不正是由于两种设计创意的创新性不同所引起的吗？

因此，想要有效区分不同的设计创意对于解决问题的不同影响——例如长期影响和短期影响，就非常有必要根据设计创意的创新性的原则进行判断。目前流行的创新性的判断参考依据包括：

（1）设计创意的独创性和新颖性。无论是在设计创新的思路上，还是在思考的角度和技巧上，抑或是在设计创意的结论上，只要有着前人未曾提出的独到之处，就在一定范围内具有独创性和开拓性。

（2）设计创意的灵活性，即脱离传统的设计创意方法。

（3）设计创意的风险性，即对未知活动的一种探索。

2.6.2　创意的重要性验证

了解设计创意的重要性同样非常重要，其中关于重要性的参考原则有：

（1）流畅性，即以此为基础产生更多可能的设计创意或者设计方案的可能性。

（2）变通性，即能够立足于传统范围之外或者独树一帜的角度观察并得出答案的可能性。

（3）原创性，即能够形成独一无二的设计构思的可能性。

（4）精密性，即能够用于设计创意的进一步开发和发展深入的可能性。

2.6.3　创意的可行性验证

很多资深的设计师会鼓励不要用可行性来拘束设计创意，尤其是针对史无前例的创意的时候。需要指出的是，行业中的设计公司等虽然并不排斥有创意的构思，但是却更加偏向具有更好执行可能性和实现可行性的设计创意——这是为什么适度进行设计创意的可行性验证的注脚。关于可行性的参考原则如下。

（1）在技术原理上能够基于合理的解释，即无论是当前的技术还是前沿甚至科幻的技术，都应当能有力地支持在实现设计创意上的技术原理。

（2）设计构思的合理性，即当前的设计是通过连续或者跳跃的构思达到，并且与最初瞄准的用户需求或者设计需求有着密切并且清晰的联系。

问题与思考：

（1）Walkamn随身听的案例中，创意是如何从现有的市场需求、技术革新等条件的基础上形成的？

（2）iPhone智能手机的案例中，为什么发展了将近半个世纪之久的多点触摸技术会首先被苹果公司应用在智能手机上？

（3）DYSON无叶风扇的案例中，设计创意与技术发展和实现之间的依赖关系如何？

（4）在特定的技术基础条件下，设计创意可以通过何种方式获得？

（5）在技术背景下，设计创意是如何受到技术的促进和制约并形成自身创新的？

第3章 技术发展

我们的世界因技术而改变。但是技术的发展到底带给我们什么？

技术总是在进行这样的一个循环：为了解决老的问题而采用新的技术，新的技术应用后又引起新的问题，新问题的解决又再被诉诸更新的技术……从单纯用户的角度来看，或许只要简单地接受并使用技术就可以了，但是从设计师特别是工程师的角度来看，理解技术是什么、如何形成，然后对设计创意施加影响是一种必需的、强烈的需求。

理解这种需求不仅仅是为了了解技术本身的原理，更重要的是它已经渗透到生活的方方面面，包括每个历史阶段的社会衰落和重新繁荣都不可避免地能发现技术的影子。这种影子在现代技术越来越集中、越来越频繁的应用中甚至开始使人们感觉到了压迫感。实际上，人们应当追求紧密结合的对象并非技术，而应是基于技术之上的设计创意和自然环境。因此，本章从技术发展的角度解释如何对设计创意进行融合并施加影响。

3.1 技术的力量

没有人能够否认技术的力量。从计算机技术到数控机床加工技术，零部件的不断替换、材料的快速改进、结构的快速提高，这些都毫无疑问地展示着技术的力量。但是技术本身并非一个静态的、偶尔发生变化的对象。或者相反，研究人员更愿意把技术形容为一种非常易变的东西，它是动态演进的，随着时间的发展不断进行自我构成的更新和革命。下面列举的几个技术发展的案例很好地展示了动态变化的技术在设计创意中潜在的广泛应用的可能性。

3.1.1 技术发展案例——人脸识别技术

1. 技术的发展背景

早在1964年，包括Woody Bledsoe、Helen Chan Wolf和Charles Bisson在内的人脸识别技术的先驱者就开始研究利用计算机技术来识别人类的脸部特征。虽然当时受限于项目资助的保密要求没能公开大量研究成果，但是他们的研究成果已经将人脸识别技术的问题转换为从大量的图片集合中提取符合要求的特征图片（见图3.1）。

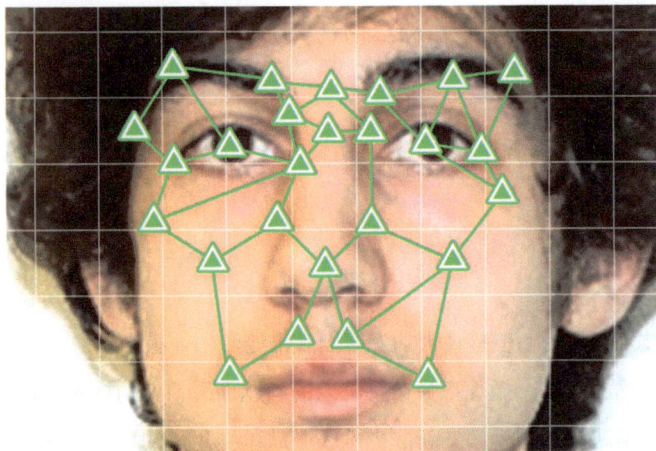

图3.1 基于特征的人脸识别技术

在这之后，1997年左右，人脸识别技术就已经开始进入行业应用，在银行、机场和其他一些商业场所进行了部署，其准确率已经足够达到接近完美的程度，并且能识别发型、眼镜等变化后的人脸。

大约在2007年，基于其他算法（如神经网络）的人脸识别方法开始快速发展，并开始在侧脸等不同角度的人脸识别上崭露头角。

2. 技术的发展现状

人脸识别技术同时展现了两个独特的传统检测技术所不具备的特点。

（1）一个是自然的检测，即通过摄像头捕捉用户人脸图像并对其人脸特征进行识别的过程并不是侵入性的，甚至可以在人们毫无知觉的情况下完成。例如，部署在纽约街头的高清摄像头可以同时捕捉并处理上千人的脸部图像而行人对此毫无知觉。

（2）一个是人脸识别技术可以用于识别人类个体间的生物特征，这是一种非常自然的方式，因为人类也是利用视觉上对人脸的识别来区别和确认身份的。并且人脸识别技术还有充分的兼容性来结合使用其他检测方法，例如巩膜、指纹还有语音识别等。

到目前为止，针对人脸检测的方法已经基本形成了明确的步骤，包括图像获取、人脸定位、图像预处理，还有最关键的人脸识别。一般而言，其输入是一幅或连续的多幅包含人脸的图片，结合数据库中提取保留的人脸图像或者相应的编码库，两者对比运算后输出一系列相似的结果从而对人脸进行识别。目前已经较成熟的人脸识别技术包括：基于人脸特征的识别技术，基于完整人脸图像的识别技术，基于人脸模板的识别技术，基于神经网络的识别技术，基于支持向量机的识别技术等。

3. 技术的创意应用

人脸识别技术的应用较多，其主要包括：门禁系统（见图3.2），摄像监视系统（见图3.3），网络应用，考勤系统（见图3.4），数码照相机系统（见图3.5），智能手机（见图3.6）等。

图3.2 门禁系统的人脸识别应用

图3.3 监视系统的人脸识别应用

图3.4 考勤系统上的人脸识别应用

图3.5 数码相机上的人脸识别应用

图3.6 智能手机上的人脸识别应用

3.1.2 技术发展案例——Kinect深度检测技术

1. 技术的发展背景

传统的网络摄像头由于其成像原理的限制无法对空间物体的深度进行探测，其必须依赖于其他的综合成像技术，例如多摄像头配合形成的空间定位校准后的检测（见图3.7），Time of Frame（TOF）摄像机的检测（见图3.8），Kinect之类利用隐形红外标记投影来识别距离的检测（见图3.9）。

这些深度检测技术快速发展的背景除了工业界对于高精度移动物体检测的需要外，同时通过让摄像机具备类似人眼的空间距离检测能力，来进一步推进计算机在图像捕获和识别中的语义认知能力。另外，深度检测技术的发展也受到计算机中三维环境重建需求的驱动，通过对现实物理环境的三维尺度的逼真扫描，可以充分利用计算机图形的方式重新生成逼真的模拟环境，从而为虚拟现实、增强现实等技术的进一步发展提供合力，并为基于现实和虚拟现实混合的空间应用的设计创意的发展提供土壤。

图3.7　基于双摄像头的深度检测

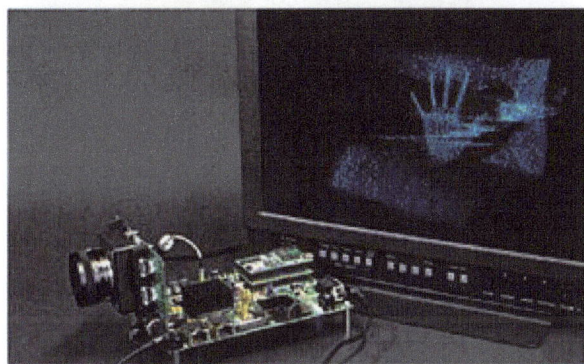

图3.8　基于TOF摄像头的深度检测

图3.9　Kinect深度检测相机

2. 技术的发展现状

Kinect最初是微软公司的一款能够检测体感姿态的设备，主要针对的是Xbox的空间感游戏。从最初的Xbox的遥控手柄开始，Kinect一共经历了三代技术的发展阶段，后两个阶段分别是Natal和Kinect。其中2009年发布的Natal是普通摄像头配合了深度传感器及多点阵列麦克风等形成对玩家用户身体姿势的识别。如今的Kinect摄像头已经结合了激光编码投射、CMOS感光芯片及对红外光敏感的红外感光芯片，在此基础上形成了三项突出的功能：深度识别、人体骨骼追踪、语音识别技术（见图3.10）。

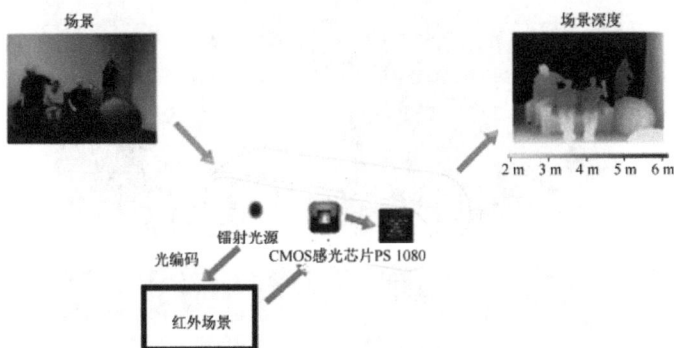

图3.10　Kinect的核心功能

3. 技术的创意应用

随着Kinect深度检测的体感技术的高速发展，其在各个领域的应用价值已经显现。这些应用的领域涵盖了教育、医学、虚拟应用、机械控制、游戏等。

作为一种优良的自然交互技术，Kinect可以有效地通过娱乐的方式化解教育中的一些问题，例如心理压力的发泄、娱乐方式的教学、锻炼身体协调能力的身体姿态控制等。国内外前沿研究甚至开始利用Kinect来帮助残疾儿童完成阅读和写作任务。由于对身体姿态及其深度信息的敏感，Kinect系统的反应对于刺激学习的效果有非常积极的作用。

3.1.3 技术发展案例——脑机交互技术

1. 技术的发展背景

脑机交互技术被认为是最高效直接的自然交互方式。试想一下，只要动动脑子想一下要说的话，别人就能毫无误会地理解你的意思，并很快地传送回来反馈信息，这种交互方式是多么吸引人！正是在这种背景下，脑机接口技术在生物技术和微信号检测、处理技术快速进步的推动下，促进了捕捉大脑在运转时的无线电波然后将其应用于交互的技术发展。

迄今为止，对于脑机交互技术的研究已经将近半个世纪，20世纪70年代即兴起了对脑电波信号的理解的研究，到90年代中期，从实验中获得的成果已经飞快增长，以至于应用于人体的早期植入式和非侵入式的各种脑电波检测设备被设计和制造出来（见图3.11）。起初获取脑电波信号并进行分析研究的主要目的是恢复听觉、视觉或者肢体活动能力受损用户的能力，通过理解大脑的具体运转机制来刺激感官功能的恢复或者替换。

如今，脑机交互技术的发展很快就超出了损伤恢复的范畴。随着脑电波检测技术的日益精湛以及各种信号解读技术的提高，前沿的研究人员相信可以通过解读脑电波信号的技术来实现更精确的自然交互方式。

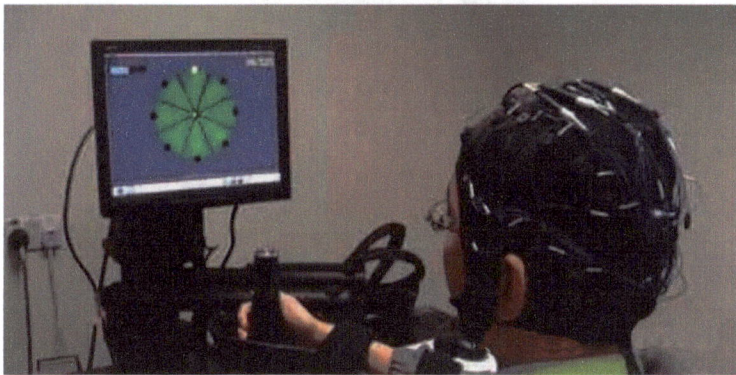

图3.11 脑机交互技术

2. 技术的发展现状

到目前为止，脑机交互技术的发展已经形成了三种界限清晰的设备类型。

（1）第一种是侵入型的脑机交互技术，即通过植入电极到大脑皮层的相关功能区域来进行脑电波信号的捕获或者释放。

例如，20世纪70年代，有研究人员尝试在一位后天因故失明的病人的视觉皮层中植入了多个电极矩阵，并通过摄像机将捕捉到的图像进行编码处理，然后以电信号的形式发送至电极，用于刺激大脑皮层的视觉功能区。结果显示病人竟然能恢复有限的实力并看到低灰度、低刷新率、低分辨率的点阵图像。如案例中所述，这种方式的优点是信号的捕捉和释放都非常精确，但是缺点也同样明显，即人体组织的自然免疫反应和组织生长会不可避免地影响电极长期工作的精度。

（2）第二种脑电交互技术主要在对大脑皮层的入侵性上做了改进，形成了半入侵的脑机交互技术。

这种技术通常称之为 EcoG（见图3.12），即"皮层脑电图"的英文缩写。这种技术方式仍然需要植入电极，但是植入的位置较前面一种简单些，即在颅脑中而非脑皮层灰质。这种改变一定程度上降低了信号的质量，但是这一缺陷很快被快速进步的检测技术所弥补。一个典型的该种脑机交互技术的案例是通过 EcoG 技术让一位少年男性病人有足够的脑电控制能力来操纵简单的电子游戏。但需要注意，这里的电子游戏操控与鼠标键盘之类的多通道输入是有区别的，因为脑电波信号处理机制的限制，该种脑机交互技术多局限于单维度的交互。

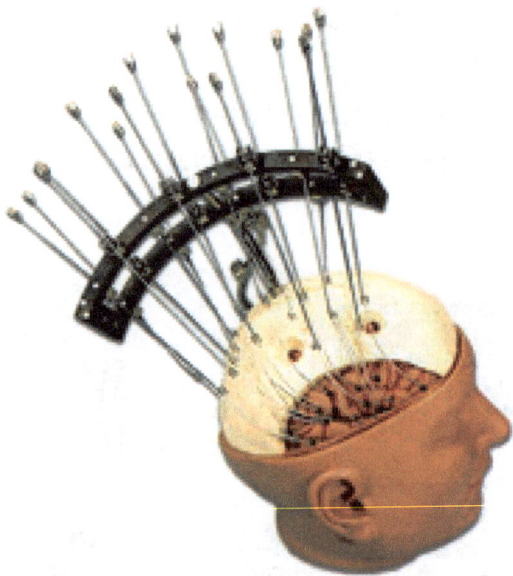

图3.12　EcoG脑机交互技术

（3）最后一种脑机交互技术是侵入式的。

得益于神经成像技术和前面生物微信号捕捉处理技术的进步及用户实验数据的累积，采用脑电图方式的脑机交互技术得到了重视。这种方式下，用户经过特殊的训练之后，能够控制电脑鼠标等进行简单的交互操作，但是显然，交互的效率仍然是一大问题。但后续对脑电波（如 μ 波和 β 波）的分类和作用的研究，使得用户可以在不经过特殊训练的情况下对其中最容易使用的交互任务进行自发的控制，例如控制灯的开关和沿着一个方向移动的虚拟物体。

20世纪90年代末，美国罗切斯特大学的研究人员就已经实现了利用分类脑电波的综合检测来驱动虚拟手臂并控制其在多个方向上的运动。在今天神经网络机器学习方法的辅助下，脑机交互技术的训练学习时间已经大大缩短。同时，由于对脑波信号的分类和作用的进一步细化，脑机交互技术的精确度也在持续提升。

3. 技术的创意应用

脑机交互技术在当今交互技术当中是最接近科幻技术的。到目前为止，已经有多家公司尝试对脑机交互技术进行商业化，并推出了针对性的应用系统，包括基于脑机接口的游戏和专业的脑电信号采集设备，例如Emotive公司的脑电头套（见图3.13）。

图3.13 Emotive公司的脑电设备

Cybernetics公司主要针对脑机技术中的神经技术为脑机设备生产电极。Neural Signals公司则生产脑机接口设备并配套设计使用蛋白质包裹的玻璃锥的微电机阵列，用以提升电极和神经元之间的信号耦合质量。前沿的脑机交互技术公司还包括已经在实验中帮助多位失明病人恢复初级视觉的William Dobelle创建的公司。Macrotellect公司则生产消费级别的脑机接口可穿戴设备Brainlink，用于提高在娱乐、教育及健康等方面的交互体验。可以想象，脑机交互技术的市场规模巨大，并且在未来很长一段时间内仍将持续增长。

3.2 技术发展的创意需求

对于在上一节中提及的脑机交互技术的作用和潜在应用，人们会担心是否脑机交互技术会让用户失去对自己的主宰。从技术开发的角度来说，这种可能性是存在的，即脑机交互技术总有一天能够达到读取用户思维并完全理解的程度。但是，如前文所述，技术的发展动态地受到诸多因素的影响，其中最主要的影响之一便是设计创意的需求。

3.2.1 技术的创意基础

美国经济学家布赖恩·阿瑟把设计创意比喻成为一种语言表达的过程，而一种新的技术或者方法在设计中的使用则被看作是语言表达的重要组成部分。从这个角度出发，技术的使用就如同以表达特定语言意思为目的的词语的重组和排列。如同语言的组织必须遵循语言的规则一样，技术的构建也需要根据设计创意下允许的组合规则来进行。

前面的章节中提到技术需要创意，创意选择技术。因此，技术的创意基础很大程度上可以理解为利用技术完成具体的设计创意的过程中所需要满足的基本条件，其中包括前面的比喻中提及的技术"语言的组织规则"。换言之，技术的创意基础所关注的问题是供技术实现参考的设计创意的"语法"从何而来、有哪些。

毫无疑问，技术的创意基础一定是来自自然事物的规律。其与以下情况类似：电子学的语法所指向的是电子运动的物理学和其他电现象的规律，DNA操作的语法是核糖核酸及生物酶协同工作的内在机制，金属椅子加工背后的语法是金属形变的控制和金属物理理论。这种创意基础的参考不仅来自纯粹的理论，同时也来自于工作经验的积累：设计一款温度计所涉及的技术背后依赖于人体温度范围的生理学理论和日常病理的经验（见图3.14）；制作一把咖啡壶所依赖的语法环境不仅依靠金属的导热性等物理知识，也同时依赖于不同使用情境下的咖啡容量的经验把握（见图3.15）。

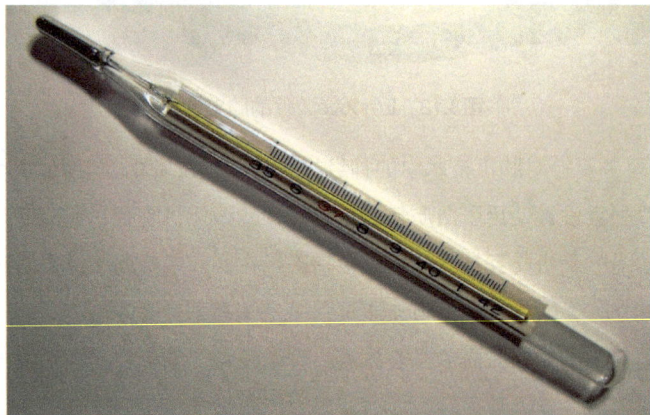

图3.14 温度计技术的设计经验参考

根据布赖恩·阿瑟的技术语法的比喻，事实上，日常口语的表达清晰度并不完全取决于语法类似，技术这种"词汇"的深层含义及其文化背景会对最后的语言表达提供帮助。尽管技术的随意组合可以在某些时候对设计创意有良好的实现和促进，但仍然需要指出的是，技术对设计创意表达的基础仍然需要非常清晰的思路和深层的知识，例如，将金属与塑料两种材料的加工技术进行混合能得到一把设计巧妙的椅子（见图3.16），但对于两种材料的结合比例、连接结构、环境影响等因素需要非常熟悉——这些对于最终设计创意的实现都是有价值的。

图3.15 咖啡壶技术的设计经验参考

图3.16 材料技术的随机混合有时能产生良好的设计

3.2.2 技术的创意要求

　　前文提及技术需要在一定的语法基础上实现设计创意，并且来自理论和经验的技术都会对创意的完成提供帮助，甚至有时随机的技术混合也可能在最后形成良好的创意实现效果。

　　但是将上述这些基础之上的技术实现为特定的设计创意是需要考虑具体的要求的。就好比实现一个家庭节能系统所涉及的不仅仅是关于电的物理知识及对家庭用电方式的经验，它还同时涉及成百上千的技术知识及针对特定的目的吸收和优化这些技术点的方法，因为不同模块间的交互影响、控制系统的沟通、节能过程的处理及能源需求的差异等，这些都会对基础之上的技术实现过程提出差异化的要求。这些要求具体表现在以下几个方面。

1. 技术的组合与结构

布赖恩·阿瑟把社会经济学背景下的技术分为三大类，每个分类下的技术的理解都存在细微的差异。例如，一项单数意义上的技术（如蒸汽机）是作为一个新的概念产生的，并通过持续修改内部的构建得以持续地发展；作为复数的技术（如电）则需要通过四周围绕的器件建立起来，然后通过改变其中的构建而得以发展；而作为最频繁接触到的一般意义上的技术，则主要包含所有过去和现存技术的总和，来源于对自然现象的归纳、总结和应用，并随着旧的知识的更新而持续成长。

在上述背景下，设计创意指导下的技术需要满足某一类别的结构特点，即采用的一项或者多项技术需要包含在上述三种技术的范畴内，以此作为基础进行技术的演进和设计创意的提高。

2. 技术的模块化

哪怕是一个简单的产品设计创意，也往往会涉及成千上万种技术和零件的组合。如何获得并管理这些技术是设计创意对技术开发提出的另外一个要求。有一个案例讲述了两种不同类型的技术管理方式对设计创意实现效果的影响：假设有两个钟表匠各需要装配一只包含1000个零件的手表，钟表匠甲需要一个零件一个零件地安装，如果安装过程中被打断就需要全部从头再来。钟表匠乙则将零件分为10个模块，每个模块又分为10个子模块，每个子模块中包含10个零件。如果他的工作被打断，就必须将手头的装配从头再来，但只会损失当前模块的装配工作。

上述两种技术实现设计创意的方法孰优孰劣一目了然。

3. 技术的未来构建与深化

刚才的两个要求对技术在实现设计创意上提出了针对性的要求，需要更深追问的是：如何透过技术看到设计创意本身或者更深远一些？如何透过技术看到设计创意然后再看到这个世界？无论是对技术的分类还是管理，稳步增长的技术都使人们感到矛盾。这种矛盾表面上来源于如何处理设计创意过程中的技术问题，但本质上是来源于如何通过技术实现的设计创意看待自然。因此，技术的创意要求并非是更先进技术的运用，而是对处理设计创意与人之间关系的要求。

◣ 3.3 技术发展的需求演变

技术实际上并不特别复杂，例如前面案例中提到的脑机交互技术，它的构成不外乎是生物科学、神经学和微电子领域中基本物理零件的组合和操纵。而技术的神奇之处则在于当把不同的技术组合形成特定的系统之后，就能形成具有具体功能的产品。而且随着技术的不断升级，这种趋势会向前发展出更优的产品设计的替代方案，而这种向前向上的趋势在与设计创意融合的过程中会表现得尤其明显。

由于技术本身是动态变化的，因此，技术发展过程中的需求也被认为是在不停变化中的，或者说是不断演变中的。这种演变在技术的过往历史中以类似生物进化的形式进行。但是在与设计创意融合的角度来说，这种演变同时对于创意本身也有影响。本节主要解释在技术与设计创意两者相互融合的过程中所面临的技术自身的调整演变，以及在此过程中的技术演变带给设计创意的影响。

3.3.1 创意过程中的技术演变

一般而言，人们认为设计创意在其产生的过程中会经历多轮反复，从而能够在最后得出符合预期并且具备预期价值的设计创意。这种从设计师的视角出发的观点肯定了设计创意的演变过程和作用。但是，同时需要指出的是，从完整的创意产品的开发周期来看，设计创意并非是一旦产生就一成不变的。

以前文中的英国DYSON公司的创意吸尘器设计为例。传统的吸尘器使用的是通过电机形成负压然后利用其将灰尘吸入集尘袋的技术原理。这种传统的吸尘器技术成功支持了很多的家用吸尘器的设计（见图3.17）。但是对于DYSON的圆筒式真空吸尘器而言，针对同样的设计创意，其对技术进行了创新——引入了喷气引擎和汽车发动机的涡轮技术，进一步加大真空抽气的能力，并取消了集尘袋的设计，从而在技术上避免了集尘袋的堵塞带来的吸力下降问题（见图3.18）。

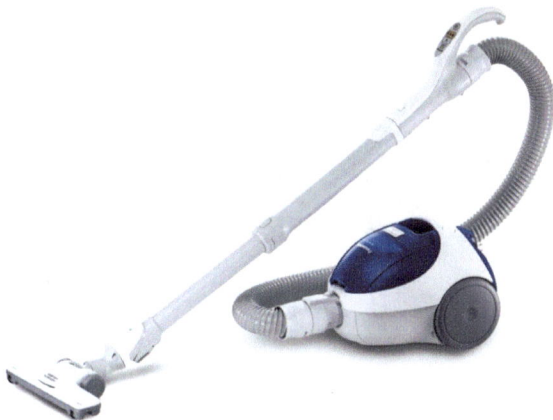

图3.17 传统带集尘袋的真空吸尘器设计

这种在实现同一个创意的过程中所进行的技术方案的调整和优化还可以在DYSON的持续优化的吸尘器技术中看到。在圆筒式真空吸尘器的基础上，DYSON的吸尘器在供电电源和便携性两方面进行了新的改进（见图3.19）。在某种程度上，这种技术的调整是与设计创意的优化同步进行的，但是从技术发展的角度看，需要承认技术能力的不断演进是促成这种创意优化的主要动力。

图3.18 DYSON的喷气引擎圆筒式真空吸尘器

图3.19 DYSON的无绳吸尘器

　　针对同一个设计创意，利用不同技术路线可实现不同的产品设计，如果要寻找具有更加强烈对比的案例，头部按摩器的设计创意是典型的一个。基于传统技术的按摩器设计（见图3.20）与新的技术条件下的设计创意（见图3.21）有着非常明显的对比效果。

　　同样的设计创意下，结合不同的技术实现不同产品设计的案例还有许多。

图3.20 传统头部按摩器的设计

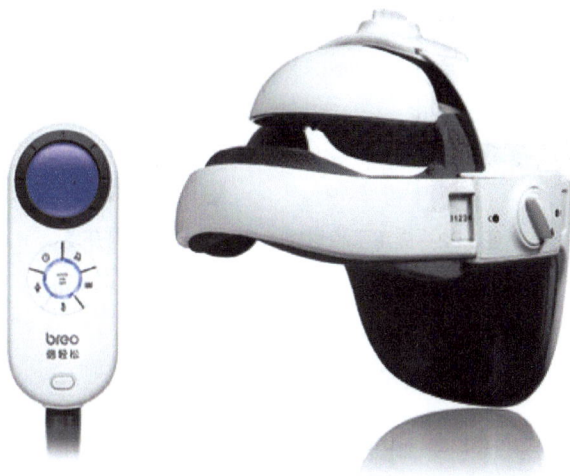

图3.21 自动头部按摩器的创新设计

3.3.2 技术路线中的创意演变

前面提到，在瞄准一个设计创意的实现过程中，技术不断发展变化从而影响最终的产品设计。相反地，在采用一种固定的技术方案之后，技术对设计创意的发展演进也有同样的作用。

典型的案例是信息技术与互联网技术条件下的移动应用创意与开发。与传统的设计创意与技术开发的关系相区别的是，移动互联网时代的信息技术的选择是非常有限的。这里的"有限"

指的不仅是所有技术的总数是在一定的范围内的，更重要的是，它指的是在针对特定平台的移动应用开发所面临的限制，包括程序语言、开发工具、界面设计技术等。奇特的是，尽管存在这些技术的限制，最终形成的设计创意却数量众多，而且在不同的应用任务和环境中各自独当一面。

以针对移动平台上的笔记应用为例，仅仅在苹果应用商店上搜索相同功能的应用，就能找出几百款之多，例如印象笔记、Onenote和WIZ（见图3.22）。

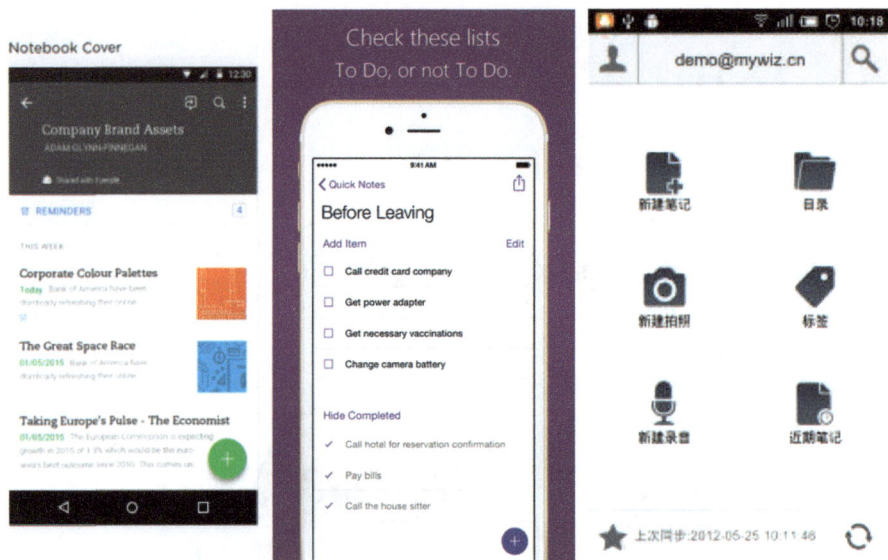

图3.22 应用了相似技术的不同笔记应用开发

◣ 3.4 技术发展中的创意实现

美国凯尔顿调查公司为欧特克（Autodesk）公司做了一项关于产品使用印象的调查。结果发现，在接受调查的10个美国人中就有7个人能非常迅速地回忆起他们最后一次看到的让他们非常想要的产品，而这种回忆的主要原因就是设计创意。但是这可能是个过于乐观的结果，因为凯尔顿调查公司的另外一个关于设计创意的调查凸显了关于技术和创意融合结果中的另外一个问题，例如，超过1/4的美国人对当前的设计水平感到失望，因为这些人觉得25年前的汽车设计比当今的更好。

这是个令人悲伤的结果，并促使社会学家和设计师开始反思当今的设计的问题。其中就包括：为什么在技术比过去先进无数倍的情况下，今天的设计仍然得不到那1/4美国人的青睐？今天的汽车不是比20年前的汽车功能更加全面、造型更加吸引人、感受也更加舒适么？

3.4.1　技术实现过程中的反馈

要回答上面的问题，首先需要对调查结果中的用户的期望进行分析了解。有部分年纪大的用户的反馈道：如今的产品设计创意缺少了过去的一种情怀，就好比今天的智能自行车设计得再漂亮和人性化，但是仍然缺少一种早期二八自行车的感受一样；也有用户认为现在令人眼花缭乱的设计创意多是噱头，真正从用户出发、完整地满足需求和解决问题的设计则很少；甚至有用户认为，虽然现在技术越来越先进，但是产品的质量却越来越差了，预定期限的使用报废设计原则让这部分用户很受伤。

总结起来，技术对于以上这部分用户而言并没有渗透重要的影响力，相反地，技术在应用的过程中所暴露出来的种种问题却被无一例外地抓住并放大化了。这就好比拿今天的新材料设计实现的齿轮与一个世纪前的齿轮做对比，两者同样牢固但是前者也许感觉上更轻了，可是对于用户而言，他们或许会认为这是偷工减料的结果。这样的基于个人对产品设计创意的体验和理解的结论会让设计师莫衷一是、毫无头绪。

美国《设计管理评论》的发行者托马斯·洛克伍德在他对创新设计思维的评论中曾经提出过一种方法，该方法能够有效地解决上述用户对技术的漠视和误解的问题，这就是技术可视化。

技术可视化并不是最近才出现的概念，相反，早在20世纪中叶，当电力驱动的各种计算机设备开始高速发展之后，就有人提出对技术进行可视化，从而更好地让用户参与并理解设计创意背后的技术内涵，从而在整体上提高用户对设计的产品的认同。这和今天的设计方法中的用户参与式设计方法在执行方式上有些类似，即让用户参与设计的过程，从而使得设计师和用户都能根据参与设计的结果最优化设计创意的影响。但是对技术而言，由于技术的抽象性特点，对其实现过程进行及时的反馈需要额外的活动。

技术实现过程中的额外的反馈包括对抽象技术概念的总结、提供对技术的体验及鼓励用户对技术的未来可能性进行想象。

3.4.2　技术实现后的反馈

技术实现后的反馈主要指的是设计创意在经过技术开发并完成之后，向用户表明设计创意在解决问题的方法上及所采用的技术上的价值。工业产品设计流程中与这部分匹配的是产品生产之后的宣传及与产品同时发售的介绍材料，例如说明书和包装设计等。

关于设计创意在技术实现后的反馈在目前设计创意类的著作及技术开发类的书籍中都较少见到，原因之一在于人们对于技术边界的认知不当。前面提到技术可以完美地比喻为语言表达的构成要素，那么设计完成后就意味着语言表达完毕——这之后人们往往不再关心如何组合和调整技术构成，相反地，人们会更多地关注反馈。

需要指出的是，除了要对正常技术实现后的反馈进行收集外，对于错误反馈的收集同样重要。例如在搜索引擎中常见的错误输入纠正就是错误反馈的典型过程（见图3.23）。

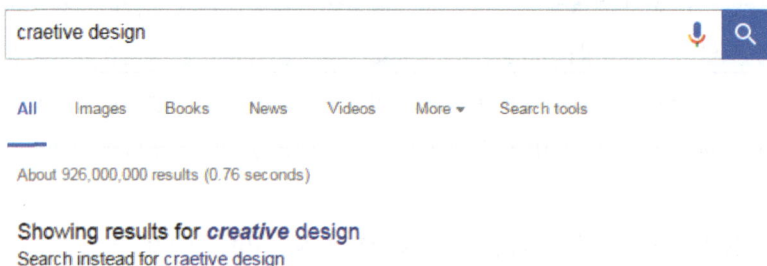

图3.23 搜索引擎中的输入错误反馈设计

3.4.3 创意在技术实现后的反馈和演进

持续的反馈及针对反馈进行的设计创意演进是产品设计流程中的主要环节。在整个创意、设计、评估、反馈和再创意的流程中（见图3.24），从评估到反馈到再创意和再设计的过程占据了总体创意设计周期的80%以上的时间。换言之，在设计创意形成产品后的生命周期里，大部分时间都是在使用评估和反馈以及改进中度过的，由此可见创意在技术实现后的反馈和演进的重要性。

图3.24 设计活动的流程

问题与思考：

（1）除了在文中已经提到的应用场景之外，人脸识别的技术还能被应用于何种意义重大但还没被广泛认识到的场景？

（2）脑机交互技术的发展对于现有传统的人—机的用户界面及交互方式会产生何种影响？

（3）创意在和技术的融合过程中是如何进行演变的？

（4）最终创意的实现是通过如何与技术之间的互动实现的？

（5）技术实现之后的产品设计创意需要接受何种反馈，才能保持设计创意的持续更新？

创意与技术发展篇

第4章　工业产品创意与技术发展

如果说艺术品是艺术家个性化制造的，那么工业产品就是通过工业设计师的手之后经由工业制造企业的生产活动制造的。传统的观点认为，工业产品必然是大批量流水生产的，其特点是千篇一律、毫无个性可言。但这一情况在如今个性化制造设备，例如3D打印机等快速成型技术的渗透下，已经开始发生明显的转变。例如针对一部分用户群进行的个性化定制、工业产品开始出现并受到欢迎。这种趋势甚至在加速地影响人们的日常生活和工作。

本章将介绍工业产品的传统概念与其在当今技术发展条件下的新的内涵，并通过对工业产品设计的创意需求和技术需求的阐述，介绍工业产品设计的创意与技术融合的相关方法和案例。

4.1　工业产品设计

谈到20世纪工业化社会的最典型产物，人们最不陌生的应该就是各种琳琅满目、充斥现代社会生活每个角落的工业产品。从早期包豪斯"形式追随功能"发展到今天"各方面均衡基础上的特色"的工业产品设计理念，展现了从工业化社会过渡到信息化和知识化社会新的产品设计需求，而曾经由专业设计师把持的现代工业设计，也在如今众创的潮流下逐渐下沉到每个使用情境中的个体用户。

4.1.1　工业产品设计概念

汽车毫无疑问是现代工业产品的典型代表。其繁忙有序的生产流水线将不同的零件生产出来、运送到合适的地方、组装成合格的部件，最后形成完整的工业产品（见图4.1）。同样，从各种机床、数控加工中心甚至是手工作坊里出来的许多产品也都属于工业产品这个范畴，例如各种管夹零件（见图4.2）、日常生活用品（见图4.3）、各种照明灯具（见图4.4）等。

通常意义上的工业产品设计指的是对譬如上述产品的外观造型、使用方式、人机关系及情感交互等进行设计并实现的过程。如上述概念中所阐述的，它首先包含对产品外观造型的实现，使设计创意中的功能以产品实体的形式体现出来，从而满足工业产品和人之间的需求关系。

图4.1　现代汽车生产流水线

图4.2　各种管夹零件

图4.3　日常生活用品

图4.4 照明灯具

产品设计的概念可以追溯到创意的产生，远古时期的智人所制造的石斧等就可以算是最原始的产品设计了。这个时期的产品设计主要解决困扰人们的产品结构性问题，其甚至可以扩展至其他相关的领域，例如利用木头搭建的建筑在长久保存方面的需求等。由于各种不同的制作和生产方式，这个时期的产品设计的概念是较为广泛的。

工业化为产品设计正式提供了工业背景，使其专注成为针对大工业化流水线制造方式的产品设计。这其中，各种机器动力、材料、新技术和工具机械的快速进步为产品设计的工业化提供了基础。因此，从其技术本质来说，工业产品设计是率直与简洁地满足人与艺术、工业、其他关系的过程。20世纪早期的简洁机械主义就倡导这种风格的工业产品设计。

但是坚硬冰冷的机器产品设计毕竟无法满足人们情感交流的需求，因此后续的工业产品设计风格开始偏向美术工艺与机器工业产品的结合（见图4.4）。工艺美术风格在工业产品设计中的日益流行使得人们重新探索两者结合的方式和程度。德国的包豪斯（见图4.5）对此进行了探索，并提出了经典的"形式追随功能"的设计理念，这为工艺装饰风格与工业产品的结合画出了一条融合的界线，并为工业产品的设计提供了设计方法的参考。

从生活中的很多例子中可以发现工业产品的功能也并非以"功能"唯上。例如，一盏台灯在满足照亮桌面的功能需求之后，其形式在很大程度上也需要同时满足使用者的审美、情感等需求，这是为什么出现那么多艺术台灯的原因之一。

图4.5 德国包豪斯校舍

4.1.2 工业产品设计的创意需求

工业产品设计需要满足什么样的创意水平是很多近现代设计大师所孜孜探索的问题之一。由于广义的工业产品设计覆盖了诸多领域并形成了交叉，例如交通工具设计、生活用品设计、设备仪器设计、电子产品设计及当下流行的物联网智能产品设计，导致现在对于工业产品设计的创意需求的准确描述越发的困难。

但是，针对工业产品设计的创意需求可以从下面两个例子中得到一些线索。

【例1】第一个案例是魔方插座（见图4.6）。相比于传统的插座形态和功能（见图4.7），这种面向工业化生产的魔方插座颠覆了传统的插座形象，长条的外观被完全突破，在功能上还增加了USB接口。从人们对这类创意工业产品设计的需求来看，它通过功能的增补对需求进行了升华，例如防止插头打架、节省空间、模块化组合及个性化颜色等。换言之，它不仅给生活提供了便利，而且兼具工业产品设计的品质和形式。但是如果再往装饰工艺风格靠拢，将产品设计成过于文艺或者艺术化，那么对于产品的市场和用户而言，并不会有比这个更好的结果。

【例2】第二个案例是酒杯的设计（见图4.8）。由于对玻璃材质加工技术的限制，传统的酒杯设计多采用纯人工的生产方式，因此在严格意义上传统酒杯并不完全属于工业产品设计的范畴。但是随着玻璃加工工艺的进步，如今全玻璃材质的酒杯已经可以实现机器自动加工。在这种寻常可见的小型工业产品上进行创意设计，需要对创意的需求有极其敏感的把握。

图4.6 魔方插座创意产品设计

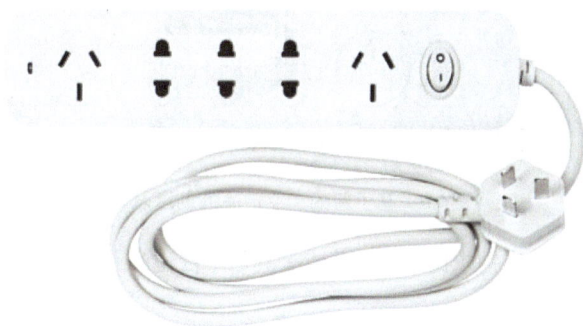

图4.7 传统插座产品设计

图4.8 创意酒杯设计

通过上述这两个案例的分析，可以从中得出工业产品设计创意需求的一些特点：

（1）工业产品设计的创意需求是针对已有的或者新的工业产品设计的，在上述的两个案例中均为已经存在的工业产品的设计。但是，在其他的案例中，例如为iPhone手机设计的无线数码照片自动备份U盘（见图4.9）——这种工业产品在之前的产品类别中并不存在，是伴随其他产品的产生而产生的。注意这两类创意需求针对的对象，可以发现前者在主流的工业产品中占有大多数。

图4.9 基于新的工业产品的创意设计

（2）工业产品设计的创意需求比艺术产品或者其他个性化产品设计创意有着更加明确和简单的用户需求。

从上述两个案例中可以发现，其中的设计创意均针对的是某个具体的设计创意的改进。也就是说，工业产品的设计创意受到成本和制造流程的限制，重点要关注设计创意的切入点是否满足用户的价值期望。

4.1.3　工业产品设计的技术需求

相比较工业产品设计的创意需求，它的技术需求由于其工业生产的背景而显得简单很多。要了解工业产品设计的技术需求，可以从以下两条线索的脉络中看到。

（1）工业产品设计面对的材料及其加工技术决定了工业产品的成本、材料、使用性能及体验感受。

【例3】 例如竹子刀叉的设计（见图4.10左边）。其使用的对象是不太坚硬的食物，加工这种产品的技术不需要太高的机械强度，但是需要较好的结构灵活性，从而形成产品精致的结构。

【例4】 一盏竹子台灯的设计（见图4.10右边）对耐高温和绝缘处理的技术上要求很高，而且相对于直接接触食物的竹子刀叉而言，其对材料本身的安全性技术要求较低。

图4.10 竹子产品的设计

（2）另外一条可以了解工业产品设计技术需求的线索是其制造技术。

从产品创新思维的角度来说，设计师期望可以由高级的制造技术生产出精密的工业产品。但是从制造商的角度而言，这种对产品实现精度的高度期望往往无法实现。

【例5】例如，早期的笔记本电脑外壳的生产就必须借助于多个壳体的拼装才能形成完整的外观，汽车工业的外观设计至今仍然沿用带分割缝的拼接技术方案。而且，从用户的角度来看，这种"过度生产"的工业产品设计并不会带来好的使用体验，从而也无法在产品的功能上形成巨大的扩展。

总结来说，工业设计产品的技术需求并非仅立足于科学、工程、艺术或者经济和社会的某一个方面，它的主要作用是连接用户、设计师和制造者与产品的具体化。

4.2 工业产品设计的技术创意方法

在科学研究中，爱因斯坦说，想象力比知识更重要。

在工业产品设计中，创意也常常比技术更加难得。

从过去的历史来看，工业产品的设计在科学发现和技术发明的历程中出现了许多的经典案例，甚至有的技术还没有形成理论原理就已经开始惠及用户群。也正因为这种在工业产品的创新和创意，激励人们持续地通过发明创新的方法来促进工业产品设计的创意。本节主要介绍部分具有代表性的工业产品设计的技术创意方法。

4.2.1 如何引发创意

创意的引发是个典型的脑力过程。但这个脑力过程并不像传统的数学计算的脑力消耗，而是遵循着引发创意的方法——包括"怎么用"和"用什么"两个相互关联的问题——这也是如何引发创意所关注的重点。

仔细观察分析那些习惯提出与众不同创意的人，会发现他们在进行创意之前或者过程中能够非常活跃地思考问题，包括从不同的角度思考和观察不同的对象。

【例6】例如，当所有人都认为放置零食的果盘应该是一个碗托形状的陶瓷器皿的时候，从使用的角度观察果盘，就能发现新的需求——放置果屑，因此也就有了类似下面这种果盘产品的创意（见图4.11）。

从不同的角度思考问题是引发创意的经典方法，这已经过无数伟人、创作旺盛的设计师等人群的多次验证。将这种指导性的思考方式落实为具体的思维方法，可以发现已经发展为多种思考方法。

（1）联想思考——从一类事物与另外可能相关的事物联合起来类比思考。

（2）换位思考——从他人的或者事物的角度思考问题。

（3）逆向思考——随机地、反逻辑和常理地思考可能的设计创意。

（4）疑问思考——通过对一系列问题的回答来系统地了解和拓展设计创意。

（5）模仿思考——从他人的设计构思或者自然物的形态和原理中提取灵感进行设计创意。

图4.11 从果屑的角度思考产生的果盘产品设计创意

4.2.2 如何推进创意

把上述果屑盘案例作为参考案例，可以把针对工业产品设计创意的方法概括为以下几点。

（1）独特角度的观察和分析。

根据需求选择合理却独特的角度来观察和分析产品设计，所获得的将不仅是对具体细节的捕捉和理解，而是进一步引发联想思考和疑问思考的基础。例如，科学家在观察母鸡进食过程中发现其不停地啄地上的小米粒，这本身可能是针对母鸡的进食器的设计观察，但是观察却将思考引向了新的方向：为什么母鸡啄米的时候用力撞击地面但是却不会得脑震荡？

（2）展开丰富的联想和扩展。

想象力是无数杰出设计师所推崇的设计创意的法宝之一。究其原因，在于想象力能够激发发散思维，将一个或者一类事物的思考分析通过合理连续的方式连接到另外的事物上去，从而进一步扩展设计创意的范围，这也为提出具有创新的构思提供了肥沃土壤。但是需要注意，这里的想象力并非只是按照逻辑从一个事物到另外一个事物进行联想。例如，从一个键盘联想到键盘上的按键，这种具有收紧趋势的联想会将设计创意的扩展带入一个死胡同。

（3）结合具体问题展开探索。

一个现代工业产品的设计、生产是一个系统工程。从外观到结构再到技术，每一项都是紧密联系并且任何一项会直接影响到另一项。

【例7】例如第一台电子计算机ENIAC（见图4.12）受限于当时电子管技术，尽管科学家尽了最大努力，建造成的计算机也仍有一座房子那么大。而现代超高密度集成电路技术使得今天一个智能手机中所包含的电子元器件数量就比ENIAC多好几个数量级，而且这种技术上的进步显然直接反映在产品的结构设计和外观设计上。

因此，从某一个部分切入结合具体问题展开探索是提升整体设计创意的良好途径。以虚拟现实应用为例，进行设计创意的具体方面包括了显示技术、人机佩戴技术、外观设计等。任何一方面的进步都会对其他几个方面产生影响，从而促进整体的设计创意更新。

图4.12 世界上第一台计算机ENIAC

（4）捕捉激情思维。

前文提到了人们普遍接受的一种设计创意方法就是灵感，或者说是醍醐灌顶式的顿悟。同时，另外一种人们普遍认为的观点是灵感是设计师的事情，普通人无法构思出那么精妙的产品创意。

那么，捕捉设计创意的事实真的是这样么？

激情思维的产生不可否认地存在偶然性和随机性，而且人们无法根据主观意愿来对激情思维进行生产和选择。但是，从另外一个角度来看，灵感的产生也是公平的，任何认真观察并且遵循灵感产生规律的人都可以产生各种各样的灵感，没有贵贱轻重之分。虽然激情思维的产生和捕捉并不需要成本，但是及时地捕捉这种思维并进行整理，可能就会发现这种思维背后的设计创意是无价的。

（5）运用科学创意方法进行逻辑推理。

与前面的激情思维方法相对应，运用科学的方法进行逻辑推理也能够在一定程度上实现优秀的设计创意。例如，从金属一体加工技术着手，可以一路展开对可能应用该技术的工业产品进行分类，这样的推理结果可以较为自然地得出一些新的设计创意的应用。

4.3　工业产品设计的技术创意流程

工业产品设计在技术创意上有着独特的流程，虽然在很大程度上这种流程已经普遍化为事实上的现代工业产品设计的标准参考流程，但是设计流程就像是在黑暗中行走时的路线，虽然不能保证每次走的都是最短的路线，但是在很大程度上能够保证工业产品的设计创意能够沿着一个相对正确的开发方向前进。因此，本节针对工业产品的开发流程，特别是在互联网和信息技术领域之外的传统工业产品的开发流程等进行阐述和分析。

4.3.1　设计调查

没有调查就没有发言权——这同样适用于产品创意设计。

前文提到，由于大工业化批量生产，产品的创意设计在实现上显得比艺术化和手工产品更加地谨小慎微。这种压力也同样反向传导到设计师身上，形成对设计师的压力。体现在进行设计创意的过程中，设计师必须特别注意创意是否能满足用户需求和带来功能价值这两方面。而为了能够准确地达到要求，设计师往往倾向采用已经被广泛和稳定接受的设计方法。

设计创意前的调查就是措施之一。

正是通过设计调查对产品使用情境、用户需求、未来演变等多个角度综合进行考证，才能有深厚的基础支持后续的设计创意。否则，无源之水之类的设计创意很容易因为其中某个设计环节或者制造技术造成整个工业产品设计方案的失败。总而言之，设计师在设计创意的时候所面对的不仅是用户，还包括生产企业、销售网络，甚至还包括对设计、对社会影响的了解和预判。

【例8】例如，在设计儿童餐具这类产品的时候，就需要对家庭环境、社会效应、用户隐私及心理保护等问题具有非常准确的把握和表现（见图4.13）。

图4.13 玩具式的儿童餐具产品设计创意

4.3.2 创意分析

在拥有来自于设计调查的第一手资料之后，就可以充分利用其展开设计创意。

对于工业产品设计流程中的这个环节，需要设计师同时具备感性和理性的思维，对已有的调查结果和个人认知经验等进行中立的观察分析，并在此基础上推理出具有创新性的结论。在这个部分中，主要包含对前面章节中提到的设计方法的综合运用。

需要注意的是，在这个环节中，设计师需要尽量避免卷入"预设问题"的怪圈。预设问题指的是在设计调查时，甚至是在设计调查之前，就已经通过设计师个人经验假定了解决问题的过程，并反映在后续成形的设计创意方案中。因为在真正的设计分析中，最初提出的原始问题并不一定是导向设计解决方案的真实问题。

【例9】例如，在设计趣味性男士厕所的小便斗的时候，初始提出的问题是小便斗的深度太浅，容易导致方便的过程中尿液溅出。因此，直觉的原始设计问题会被设定为因为小便斗的外形尺寸问题导致使用中的不便。沿着这个方向下去会将设计创意导向另外一个方向而无法触及真正的问题。而对男士在小便斗使用过程中的心理及使用中的具体过程和方式进行了认真分析后，就可以得出另外一个更加接近实质的问题，即正常过程中的飞溅以及在这个过程中导致的无趣是产生问题的更深层原因。而基于这种创意分析结果，就有了完全不同的设计创意（见图4.14）。

图4.14 吉他小便斗创意设计

4.3.3 实现设计

人们一般会认为产品设计创意过程中最困难的属前面提及的设计分析阶段,因为需要投入巨大精力对设计调查结果展开分析,并在此基础上提出创造性的新构思,而到了设计创意的实现阶段就相对简单了,只要交给机器制造出来就好了。

【**例10**】一个典型的例子是瑞典的家电制造商伊莱克斯为了推出符合中国市场的产品,在中国进行了大量的调查,拍摄了无数记录家庭使用家电情境的照片,从而对用户的颜色、图案、功能、形态等偏好进行了了解。而后来在斯德哥尔摩的工业中心完成的设计分析和创意过程确实推出了深受中国用户喜爱的产品。

在上面这个案例中,人们理所当然地认为伊莱克斯的大量设计前的调查引导了最后的设计创意,但却忽略了中间经历的多次反复修改与调整,即最早提出来的设计创意可能已经远远不是最后实现出来的产品了。而且,这种差异会随着不同的设计实现目的而产生差别。

产品设计创意与技术开发

【**例11**】例如，椅子之类的满足人类日常生活的设计与最基本的生活形态密切相关，而且在不同的使用场合中，使用需求变化不大。因此，无论是基础性的设计还是前瞻性的设计，在具体的产品形态的实现上都差异不大（见图4.15）。

图4.15 日常的椅子设计与前瞻性的椅子设计

对于概念式的产品设计创意，情况则会出现明显的不同。由于概念式的创意设计本身就是一种开拓性和探索性的设计，注重设计的前沿观点而非具体的工艺、技术要求和市场情况，其在产品设计创意的实现上会有很大的实现空间。

【例12】例如，每年的红点国际工业设计竞赛都会发布若干固定的设计主题，例如living（生活）、working（工作）、doing（行为）等。但是在这些概念之下的具体创意，例如一个浴室的喷淋器的设计，也会有风格迥异的设计（见图4.16）。

图4.16 基于概念的产品设计实现

4.3.4 设计验证

没有经过验证的产品设计只是停留在效果图和脑海中的美好想象。

用户群体是有差异性的，不可否认，即便是为特定的用户群体设计的产品也会存在明显的差异。

【例13】例如为幼儿园的儿童设计门把手（见图4.17），他们的认知能力、使用方式及对颜色、形态和材料等的本能反应，都基于每个人的身体和脑力发育情况而有所区别，更不用说不同儿童的不同个性及来自老师、家长各种要求了。

图4.17 儿童门把手设计：情感的融入

还有一种情况是，很多概念产品和实验产品在未正式推出之前，市场上是不存在的。换言之，消费者在很大程度上甚至完全没有去想过会有类似的产品。前文中作为创意产生案例重点介绍过的iPad和iPhone的产生就是最典型的例子——其中的问题是，一个用户从没见过、用过的产品，是如何通过设计的评估就能够判断其会被接受呢？

因此，验证设计创意便成为通往成功创意设计之路上的另外一个关键点。这方面对设计师有一个很重要的要求，就是能够接受对产品设计的严格验证，并反复对不同的观点、设计、表现方式等进行删改，以最终达到工业产品设计满足甚至有时候超越人们对于舒适、便利、有用等的期望。

问题与思考：

（1）什么是工业产品设计？它与其他类别的设计有什么不一样？

（2）工业产品设计对于产品创新需求有什么要求？

（3）工业产品设计对于技术的产生、发展和应用有什么要求和影响？

（4）工业产品设计在融合设计创意和技术发展的方法有哪些？

（5）工业产品设计在融合设计创意和技术发展的具体流程包括哪些？

第5章 信息产品创意与技术发展

移动互联网和物联网等技术的迅猛发展是当今社会的现象级特点。哪怕是在5年前，仍然很难想象出门完全不用带现金，只要有手机和网络就可以了；社交不再盯着电脑屏幕而是在随身携带的手机里；上学、上班考勤也不再是简单的指纹刷卡而是连着云端；甚至家里的大大小小的家用电器，例如电冰箱、空调、电视、扫地机器人，都开始具备链接网络的能力，并逐渐扩展出简单的智能，它们能知道家里的地什么时候脏了，需要清扫，什么时候回家需要提前开启空调，什么菜快没有了需要从网上订购。当手机、平板、电脑等在外观及物理使用功能上的变化和改进空间越来越少，移动APP、二维码、虚拟现实、增强现实等方面的创新却如火如荼。

本章主要针对上述这些信息化社会背景下的非物理实体产品设计以及寄生于其中的创意应用展开阐述和分析。以此为基础，进一步解释信息产品设计的独特形态，它们在产品设计的过程中对于技术和创意融合的需求及实现的方法流程。

5.1 信息产品设计

信息是可触及的，比如纸上的年度销售数据；信息又是不可触及的，例如手机中的图片、视频、文档、应用等。通过多个载体，信息可以从一个地方瞬间转移到另外一个地方，例如U盘、互联网，还有其他林林总总的互联技术，例如蓝牙、Wi-Fi、Zigbee等。这一切的到来让今天的产品设计发生了新的变化，例如手机的外观设计不再有密密麻麻的数字和功能按键了；相反地，手机里面运行的应用及自身的联网、续航、传感器等功能越来越被重视。这些变化让产品设计有了新的方向——信息产品设计。

5.1.1 信息产品设计概念

走进苹果公司的产品研发大楼，大厅里挂着一组由苹果显示器组成的巨型"应用墙"（见图5.1）。凡到过这里的访客都会被其大屏幕矩阵的气势所吸引，但是令人震撼的并非仅限于此，屏幕上不停跳动的图标和飞速滑过的动画配合屏幕顶上的一行简单扼要的解释才是带来这种震撼的真正原因——一年50亿次并且还在高速增长的应用下载量，而这还是2010年时的数据。

图5.1 苹果公司的"应用墙"

这就是信息产品带给人的最直接的感受——有一个屏幕，但是不再对屏幕本身进行快速的升级并提出越来越多的功能需求，相反地，屏幕上的那些小图标已经成为今天的产品设计的主角。在今天，国内外的大学都敏锐地嗅到了信息的气息，并在相应的院系里设置了迎合这种趋势的方向或者专业——信息产品设计或者信息设计。

在美国的麻省理工（MIT）、卡耐基梅隆（CMU）、加州大学洛杉矶分校（UCLA）等知名大学里，信息产品设计相关的教学和研究及相关创业活动所掀起的热潮已经司空见惯，在国内，北大、浙大等大学里的信息产品设计也进行得热火朝天。开发移动APP的需求火爆，如今已经连打车、吃饭、租房子甚至找男女朋友都被APP涵盖其中了。尽管每个人都知道APP是好东西，但是却没有多少人对于信息产品形成统一的概念——这跟对工业产品设计的概念的普遍认知的结果大相径庭。

针对信息产品的创新需求，浙江大学软件学院开设了信息产品设计方向的专业课程。课程面向的主要对象被设置为制造业领域，特别是为传统产业的改造和升级提供解决方案，其特色理念是"工业设计＋商业＋技术整合"。可见，信息产品设计在本质上仍然是基于传统工业产品设计，并且借助互联网的一次更新换代。但是该课程的培养目标却提出了与传统工业设计专业培养方案不一样的新思路：培养创新思维与工作方法的系统能力及具有市场前景的创新设计与设计策划的系统能力。在这两点上，信息产品设计的概念与前一章中阐述的工业产品设计在所包含的设计对象、能力和方法上相比均发生了变化。

北京大学也开设了信息产品设计方向的专业课程。其信息产品设计更多地倾向于网络技术和应用，其对信息产品设计的能力要求也相应地关注需求分析、信息架构、代码开发等与传统计算机技术与软件技术交叉的方向。因此，从学科交叉的角度来看，信息产品设计在包含的设计对象及设计能力上更加倾向于信息技术与计算机技术。传统的制造技术开始逐渐被剥离出去，从而保留核心的基于屏幕的"用户需求－应用实现"的简单关系链。但不可否认的是,这种基于网络链接的需求满足是以现实生活中的产品为依托的。

从所包含的内容出发,信息产品设计指的以具有信息交互能力的设备为基础,针对具体信息需求在其上构建的信息应用和系统,包括用户界面、动效交互、数据处理等。这类产品所针对的领域与线下的日常生活中的用户需求密切相关,例如音乐、聊天、游戏、宠物、电话和阅读等。

信息产品设计相较于前文中的工业产品设计的不同还表现在技术的角色上。工业产品设计因其需求类别的不同而对技术的实现需求有很大的差异,例如一个塑料鼠标与一个铝合金外壳的苹果笔记本电脑在制造技术上就有很大的不同。但是,在信息产品设计的概念下,这种技术在设计中所扮演的角色开始被各种主流的框架所替代,换言之,通过少数几个平台的框架下的若干技术,就可以实现丰富多样的信息产品设计。

5.1.2　信息产品设计的创意需求

前面提到信息产品设计与传统工业产品设计在对象、内容、技术等方面都存在明显的差别,而且在创意需求方面也存在较多的差别。例如,针对信息产品的创意需求所面向的对象更加集中在与日常生活、工作密切相关的领域,包括餐饮、娱乐、学习、社交等。相反地,与具体的生产性工作相关的设计创意需求,在信息产品类别下则较少见到。以下列出了三个典型的信息产品的设计创意及其介绍,在这些案例的后面,我们对信息产品设计的具体创意需求的特点进行了概括性的总结。

【例1】第一个案例是《愤怒的小鸟》(见图5.2)。这是一款由芬兰一家叫ROVIO娱乐的公司开发的休闲益智游戏,于2009年首次在苹果iOS平台上发布。之后在不到一年的时间内持续地占据游戏下载排行榜首位并迅速风靡世界。

图5.2　《愤怒的小鸟》游戏

游戏的剧情很有趣,猪们偷走了鸟儿们的蛋,于是鸟儿们决定用自己的身体做炮弹对猪的堡垒发起复仇攻击。同时,游戏结合了物理引擎的模拟碰撞效果,加上鲜活有趣的鸟儿的形象和动作,给用户带来了奇妙、有趣的体验。

通过在不同平台上——包括Android、桌面电脑、3DS等的持续改进和游戏场景、剧情、玩法的更新，《愤怒的小鸟》这款游戏为RAVIO公司带来了充足的人气和用户流。但是，好景不长，在经过四五年的发展之后，RAVIO公司仍然没有拿出能够与《愤怒的小鸟》同等水准的游戏产品。同时，用户由于长久玩一款游戏开始产生审美疲劳，挑战感、新鲜感也开始丧失。

【例2】第二个案例是社交应用微信的快速兴起（见图5.3）。在微信出现之前，就已经有众多基于手机平台开发的社交应用软件，包括黑莓公司的黑莓消息（Blackberry Messenger），谷歌（Google）的Google Talk，还有其他的例如已经消亡的MSN及其继承者Skype。这里不得不提的是另一个与微信同属一家公司的移动社交软件——移动版QQ。

图5.3 社交应用微信

从目前的格局来看同出一门的微信和移动QQ，可以发现无论是在功能上，还是在用户的数量和体验上，微信都已经将QQ远远甩在身后。我们可以从微信快速的功能迭代过程中发现这一趋势，即微信越来越快地加入用户期待的功能，甚至会在小范围的内部测试之后快速推出市面上还不曾有的功能（例如抢红包），同时也积极移除使用率低下并且没有预期用户的功能。特别是早期通过从QQ、手机联系人等渠道进行社交关系的导入，微信获得了极快的初期发展速度。如今，支付模块、打的模块等的结合，已经使得这款当初瞄准社交的应用拓展出了新的领域。

【例3】第三个案例是地图应用谷歌（Google）地图（见图5.4）。传统的纸质地图在手机快速普及及电子地图开始提供服务之后便逐渐销声匿迹了。现在街上要找一个拿着纸质地图的人非常困难，但是拿着手机、显示着电子地图进行导航的人却比比皆是。除了提供可伸缩、便于携带的电子地图，结合全球定位系统（GPS）之后的Google地图应用还能够实时提供位置显示和导航，甚至在基于位置的基础上结合增强现实技术，可以对所在街道的内部位置及相关信息进行综合显示（见图5.5）。如今，每一分钟都有成千上万的用户在使用Google地图，无论是从事专业的登山导航、驾车外出的导航，还是仅仅在地图上查看三维的街景，使用Google地图都非常方便。

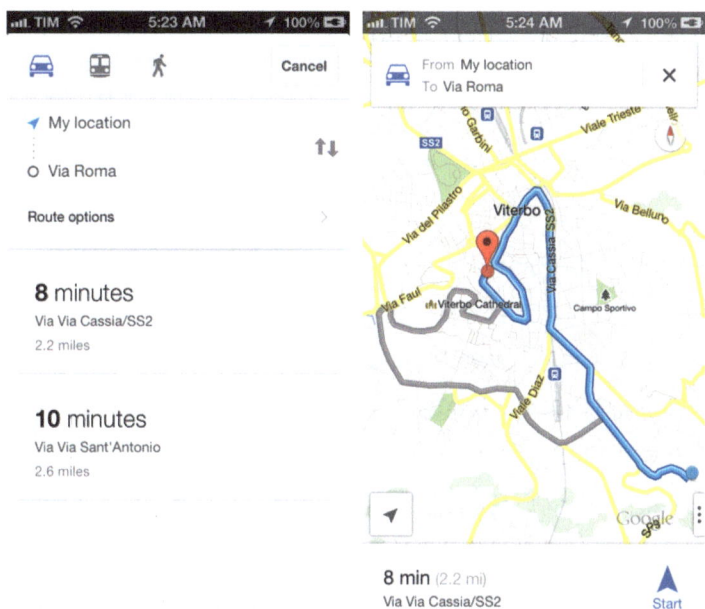

图5.4 Google地图

图5.5 结合了GPS和增强现实技术之后的Google地图应用

从上述三个较为典型的信息产品的案例中，可以概括出信息系产品设计的创意需求的一些特点，具体包括：

（1）信息产品设计的创意需求紧密地依托于现实的需求。

这种需求主要以生活中的各项活动为来源，例如导航、音乐等。相比较于工业产品设计所涉及的工业产品及专业化的机械产品等，其在信息产品设计创意中都难觅踪迹。除了信息本身在显示、交互等方面需要特定的技术来支撑从而限制了其应用的范围外，其与对于信息的有限渗透的领域也有关系。例如，信息技术介入生活的各方面，提供了丰富的信息产品，从而极大地方便了这些生活活动。相反地，要在一个上千人的大工厂中布置新的信息技术，将面临极大的未知和风险，因此被大规模使用的概率就相对小很多。

（2）在工业产品时代，任何一个产品的使用都不是免费的，因为其物理存在的实体产品需要材料、加工、运输等大量的资源投入成本。但是，从信息产品设计创意的角度看来，这种思路貌似是过时了。

因为一旦设计完成一个信息产品应用，那么接下来除了部分功能和运行的维护外，产品本身的再生产成本——即从一个地方拷贝到另外一个地方的成本——几乎接近于零。而当用户的数量足够多的时候，这种近乎一次性的开发成本就被摊薄到几乎可以忽略不计了。也正因为如此，很多信息产品的设计创意的最初考量因素里面从来都不包括产品自身的成本。虽然苹果商店以及各种Android的应用商店里也有众多需要付费的应用，但是具有巨大用户使用需求的诸多应用大多是免费的。

（3）拿工业产品来比较，可以发现不同类型、功能的产品是基于完全不同的平台的。

例如汽车和陶瓷洗脸盆这两种产品的设计的创意平台就几乎没有任何联系。但是，针对信息产品创意而言，它的设计却面临具体的平台约束，例如苹果、Android，还有Windows Phone。脱离开平台，信息产品设计的创意需求就无处实现。

（4）传统工业产品的自我更新周期是较长的，但是信息产品的设计创意却必不可少地包含自我演进的部分。

离开了自我功能的更新，一款信息产品的生命周期便宣告结束。因为即便应用软件的所有功能正常可用，但是随着用户平台的更新升级，也会出现可能的视觉表现效果、功能等的不兼容。

（5）信息产品的生命周期普遍比工业产品来得短。

在这快速迭代的生命周期里，可以发现信息产品被接受、兴起的速度远远比工业产品来得快，这得益于现代信息传播的方式和效率。另外，信息产品的需求衰亡时间也非常短暂。上述案例中的愤怒的小鸟的例子就很好地说明了在用户的某项需求被满足从而使信息产品设计创意大受欢迎之外，一旦用户需求开始出现疲劳或者转移，那么过于细致地针对该种用户需求的信息产品的衰亡也会如同其兴起的速度一样快。

5.1.3 信息产品设计的技术需求

如前面小节中所提及的，信息产品的技术需求在很大程度上取决于所针对的平台。这种对于技术的需求相比较于对创意的需求，则显得更加简单直接。前面提到工业产品设计的技术需求是通过设计的对象和加工的方式方法来理解的。

类似的，信息产品设计的技术需求也可以根据其针对的技术平台进行分类和分析。例如，以苹果公司代表的iOS平台，以Google公司为代表的Android平台，还有以Microsoft公司为代表的Windows Phone平台。同时也存在其他应用开发平台，例如Blackberry公司为代表的黑莓平台等，但由于这些平台占有的市场份额较少，此处仅针对最大的两个平台 iOS 与 Android 展开分析。

需要注意的是，这些平台提供的不仅仅是构建产品的技术平台，而且也在相当程度上是定义了信息处理流程的平台。

从信息产品设计的技术框架上来说，上述平台提供了很大的市场竞争优势。这种优势对那些大型信息产品用户而言具有很大的延续性，例如对新的技术可以进行更加优良的测试和应用，对于新的功能的增加也可以更加无缝地完成。

5.2 信息产品设计的技术创意方法

（1）当所有人都认为音乐应该整张唱片专辑地买的时候，乔布斯的思考方式是化整为零，充分调动长尾用户对于某张专辑中仅有的几首歌的兴趣，从而刺激了蓬勃的在线音乐消费业务。

（2）当大家都理所应当地认为更新手机的程序需要非常复杂的连接电脑的操作时，苹果又创新地提出了在线应用购买的解决方式。

上面的两个简单例子说明的不仅仅是设计创意给产品设计和用户体验等方面带来的优势，更主要的是其中具有区别于传统的针对工业产品的创意方法，即轻成本与重方式。

前文的工业产品设计的技术创意方法章节中解释了引发创意的方法，包括仔细地观察用户对产品的需求、分析具体的创意价值、测试设计创意的实现方式及最后的迭代验证。从总体上来说，广义上的信息产品的设计创意方法也同样遵循这一流程框架；但是从具体的实现来说，则会在不同的环节存在不同的侧重点。

5.2.1 独特角度的观察和分析

在针对信息产品进行设计创意的过程中，有学者提出了一个新的概念"服务设计"。这个概念的重点在于其设计的内容——服务，而不是产品本身。因此，从服务设计发展的历史原因和未来前景而言，从独特的角度切入，开展用户使用方式及其需求的分析无疑是后面进行所有技术开发与服务的基础。

【例 4】举个例子，吃东西是人们日常生活必不可少的刚性需求。如果是从吃什么的角度入手，就往往将产品的设计需求引导到用菜单点菜的思路里去；但是如果从怎么吃的角度入手，则思路貌似就会更加有新意。

2009 年成立的专业网上订餐平台"饿了么"（见图 5.6）就在这种思路上进行了大胆的探索。其通过连接线下餐馆与线上的外卖订餐需求，使用户可以很方便地用手机搜索周围的餐厅并享受送上门的美食。"饿了么"在快速扩张的过程中，进一步深入发掘了用户对于商店、超市购物送货上门的需求，将服务从吃饭延伸到了送货。

图5.6 "饿了么"网上订餐平台

5.2.2　展开丰富的联想和扩展

联想是实现从一个构思到另一个构思甚至一群创意的非常有用的来源之一。特别是对于"服务"特别敏感的信息产品设计创意而言更是如此。从传统的工业产品设计创意的联想方法出发，可以发现带有逻辑性的联想仍然有用。

【例5】例如，从带近视度数的游泳眼镜出发，可以结合互联网技术，从而形成能够监测游泳状态的智能泳镜（见图5.7），并可以进一步结合紧急呼叫求救等功能。

图5.7　智能泳镜

但这种联想或许还不够让人惊叹，因为不管如何，在一个产品的基础上连接另外一种产品功能或者技术，相对来说具有一定的逻辑性，可以通过穷举的方式获得该类创意。

【例6】一个具有比较有趣的联想的信息产品设计创意是星巴克推出的一款免费手机应用，叫作Earlybird（早起的鸟儿）（见图5.8）。这款应用的目的显然不是利用简单的一个闹钟的功能来叫人起床。开发者在调查中进一步发现人们早上起床没有动力，总是赖床以致迟到误事。针对该问题开发者联想到了星巴克的早餐产品，因而通过在该闹钟应用叫起床后一个小时内到任意一家星巴克用餐就能享受一杯定制的打折咖啡的设计将两者联系了起来。

这样的跨类别联想的好处是，能够让你从有生活中的某个具体需求（在这个案例中是早上睁眼

产品设计创意与技术开发

起床）开始就与目标产品（或者是品牌）联系在一起。基于该联想的这款应用的设计创意甚至成为了2012年度最成功、影响力最大的创意应用之一。

图5.8 星巴克的"Earlybird"设计创意应用

5.2.3 结合具体的问题展开探索

一个信息产品的设计创意，从开始的观察分析到接下来的设计构思创意，再到设计过程中的设计探索，每一部分的流程方法在本质上都是连续的，并且各部之间紧密衔接。

【例7】一个典型的例子是宜家的"居家定制"应用（见图5.9）。该应用允许用户自定义探索拓展家具布局，并且可以分享自己的布局设计，同时也可以参与其他人的设计并选择自己喜欢的设计。或许这不是最好的设计，但是这样的拓展应用功能对于弥补宜家商店线下的销售方式的短板还是非常有用的。

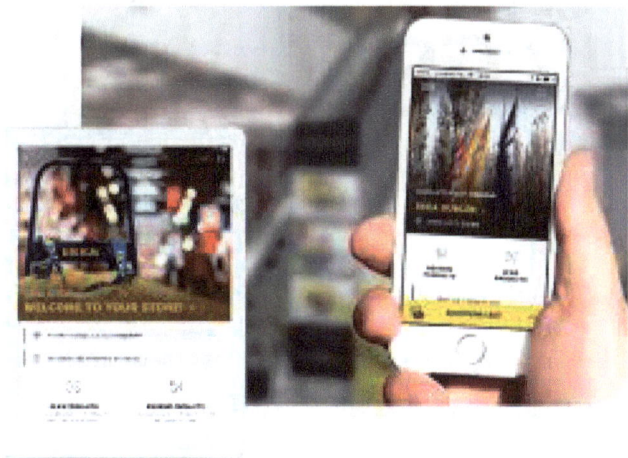

图5.9 宜家的创意应用设计

5.2.4　捕捉临时的激情思维

几乎可以非常确定地说，信息产品的设计创意对于临时起意的激情思维的依赖要远远超出传统工业产品的设计创意。其理由不外乎两条。

（1）第一，信息产品面临更短的生存周期，因此其对于时间更加敏感。

（2）第二，信息产品的构建依赖于特定的开发平台和各种技术标准，在实现上面临的不确定性相对工业产品的开模、流水线生产等流程来说更加简单。

正因如此，目前应用市场上排名非常靠前的应用几乎都具有让人眼前一亮的"情理之中，意料之外"的创意。

【例8】例如，荷兰一家服装平拍FB就针对促进网上营销活动的目的构思并设计了一款应用，叫"按赞换衣"（见图5.10）。用户只要通过该应用对产品做出评价并分享正面的评论到社交网络上，那么在该应用中设计的模特就会改变衣服穿着。转发、评论的数量越多，衣服变化得就越多。这种手段貌似有些哗众取宠，但是这种临时起意、让模特换衣服的创意，从设计的角度而言的确开启了非常成功的营销模式。

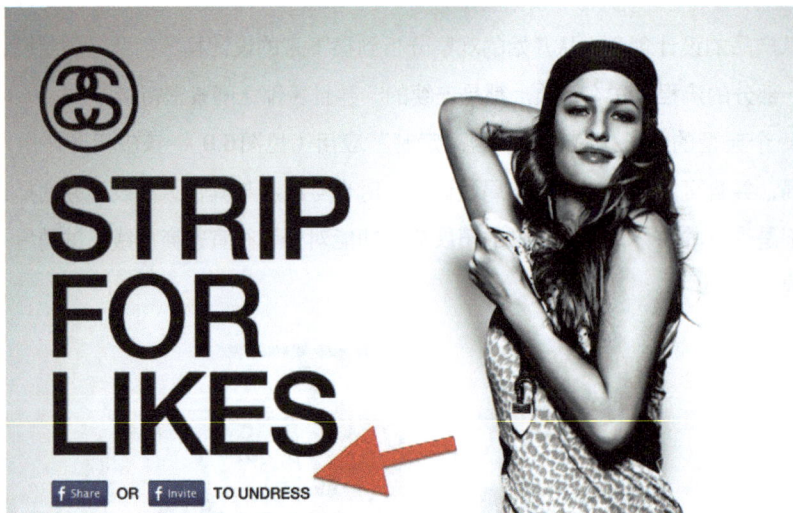

图5.10　荷兰FB公司的创意应用设计

5.2.5　运用科学的方法进行合理的逻辑推理

关于逻辑推理方法在信息产品的设计创意过程中的作用，前面已经用了一个智能游泳眼镜的例子进行了对比解释。这种类型的方法总体上能够在最后得到不错的设计创意，但是对于一些涉及好奇、惊喜等创意极其精妙的信息产品的设计而言则无法提供强有力的支持。当然，追求新奇的设计创意是需要的，但是能够紧紧围绕用户的真正需求展开创意的方法仍然是有其独特价值的。

5.3　信息产品设计的技术创意流程

如前面一节所说，信息产品设计的技术创意流程得益于已有框架和技术标准的限制，在总体上相对产品设计的技术创意流程而言更加简洁。这种简洁体现在流程中就变成了根据不同的技术层次实现不同的功能。例如，直接面向用户的前端界面是一层，中间的功能模型是一层，最底下的数据是一层。以用户界面为例子，其实现的过程则体现了从抽象到具体的流程（见图5.11）。

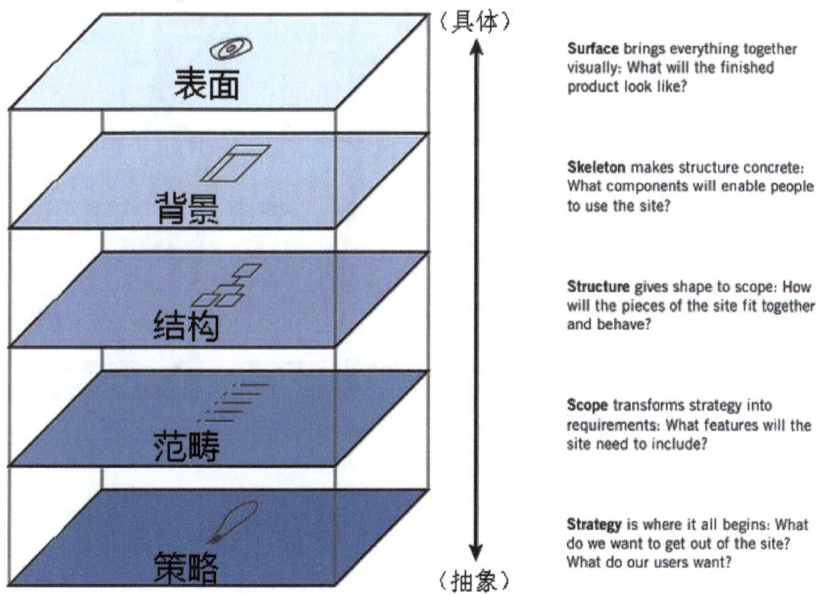

图5.11　用户界面的一种典型设计流程

基于上述方式，信息产品设计的技术实现总体上沿用一定的框架。但是，其在技术创意的流程方面，与工业产品设计的技术创意流程大体上保持一致，在针对信息产品的需求调查、创意分析、设计实现、设计验证等阶段同样都扮演重要角色。下面结合具体的案例对这几个步骤的具体实施流程及在面对信息产品时的不同侧重点进行阐述。

5.3.1　设计调查

第一章中曾提到，技术创意在最初总是从一个具体的问题或者某个用户的需求开始，因此设计调查被认为是几乎所有设计相关活动开始时候的主要灵感来源。但是在具体的调查目的上，信息产品设计又具有一些独特的特点。

例如，围绕日常生活中健身的主题，从工业产品设计的角度去设计调查一般而言会包含一个目的，即用户在使用过程中的产品的形态。但是对于信息产品而言，用户对于产品使用的功能期待、与使用场景的配合程度会是设计调查的主要项目——因为信息产品所依托的平台几乎都有一个明确的形态，包括智能手机、平板、各种虚拟现实眼镜，甚至还包括街头交互电子屏幕和交互性的艺术装置（见图5.12）等。

图5.12 交互式的艺术装置——假日倒计时交互灯具

5.3.2 创意分析

虽然很对人对于信息产品设计能够产生像工业产品设计中的划时代经典一样的作品仍然抱有怀疑和争论，但是从目前大量移动应用的开发设计现状来看，针对信息产品的创意分析在前面调查目的的偏向性基础上会有不同的侧重，同时对于一些工业产品设计中会考虑的主题也会有不同的偏好。

【例9】例如，在现在工业产品设计中，随着技术的进步和超大规模生产的投入，一些与设计、技术相关的价值问题开始显现出来。这些问题包括环境污染问题、产品伦理问题、产品设计资源和信息技术的负面效应等问题。

尽管设计资源的约束的问题在工业产品设计中是绕不开的问题，但是在信息产品设计中却似乎被自然地解决了。信息在复制、传播等方面上的电子数据属性，使得产品本身的设计资源不再是限制问题。相反地，如何从这些日常生活、工作中找到具有爆炸效应的传播方式及能够覆盖大量用户群体的创意开始成为信息设计调查结果分析的潜在导向。

基于这种导向，即便是为老人、身体活动不便等人群的功能性辅助信息产品设计，也会额外地考虑传播性及相关方面的分析。一个典型的例子是，在一些功能性移动应用上都集成了社交模块，包括滴滴打车、支付宝等具有定向功能服务的应用。

5.3.3　设计实现

信息产品设计师经常会被问到的一个问题是："这款移动应用几天可以开发出来？"

不可否认，计算机技术、相关信息和通信技术的不断成熟所带来的丰富的信息产品设计框架选择，已经在很大程度上为信息产品的开发和实现提供了可预测性。相比较而言，工业产品设计在开展工业化设计、制造后所面临的不确定性因素比信息产品设计中所遇到的要多很多倍。但是即便如此，前面那个问题的答案仍然是不确定的。

基于图5.11中展示的信息产品的用户界面的设计分层和流程，大多数人会认为实现完整的信息产品也遵循同样的方式，但其实不完全如此。此处尚且不论反复的用户需求的变动给信息产品设计实现所带来的巨大调整和挑战。但是事实上，信息产品的设计有一个导向无限终点的趋势。也就是说，信息产品的设计实现在其生命周期内是持续的，直到其被放弃为止。此处可以参考的例子包括前面案例中提到的微信的相关功能模块在其上线并且通过高速增长拥有了巨大的用户基数之后，仍然在不断地通过功能调整等方式进行产品的设计实现。

因此，从这个角度来说，信息产品除了在设计实现的流程上与工业产品设计的技术创意流程在具体方法、总体流程上保持一致之外，还进一步对自身设计实现的周期进行了拓展。换言之，相比较工业产品的技术创意流程中所包含的一个或者多个相对完整闭合的循环，信息产品的设计实现流程被无限地拉长了。

5.3.4　设计验证

信息产品的构思创意由于其天然的平台性和对用户传播性等方面的特点，往往导致设计师在构思初期能够产生更多的创意，例如将生活中所见所接触的事物全部进行一遍"智能化"，从而产生许多创意；但这对于设计验证而言也增加了额外的工作，并对传统的验证方法和方式产生了新的挑战。

【例10】例如，针对儿童门锁的设计可以直接通过相关的尺度进行实地用户验证；但是针对一款儿童益智游戏进行验证的时候，由于各种屏幕及上面的信息交互对于儿童的具体影响仍然在探索中，因此，很难直接利用现有的框架得到可信的设计验证结果。一个正面的例子是一款记事应用中的涂鸦功能可以被用作儿童绘画的工具，但反面的例子是一款分享儿歌的应用可能导致儿童对于动画的过度沉迷。

问题与思考：

（1）信息产品的设计对设计创意有哪些需求？

（2）信息产品的设计对于技术的产生、发展、应用有哪些需求？

（3）信息产品的设计过程中，针对设计创意的方法有哪些？

（4）信息产品设计的过程中，针对技术发展、应用过程的流程有哪些？

（5）相比较于传统的工业产品设计，信息产品设计在融合设计创意和技术的方面有哪些特点？

创意与技术实例篇

第6章　技术创意案例——触摸技术与智能移动设备

无论多么精妙的设计创意，无论多么前瞻的技术，无论多么完美的创意与技术的结合，当仅仅停留在理论的论述中的时候，无论对于设计师还是对于用户，都将不会有很强的说服力和吸引力。就如同一张图胜过一千个文字，一个真实的创意融合技术的案例，胜过一千份停留在设计稿和技术规格说明书层面的设计。

因此，本章以众多经典的创意结合技术的成功案例为基础，挑选在今天已经高度普及的触摸屏技术为样本展开技术背景的介绍。在此基础上，结合新的设计创意的产生和发展过程，介绍创新系统设计的完整案例。

6.1 案例背景介绍

前文中提到，设计创意案例——iPhone对于触摸屏技术的发展和应用做出了重要的贡献，并引导了今天的智能手机、平板电脑，甚至大屏幕显示器等设备上的触摸功能的普及。如今，无论是单点触摸还是多点触摸，用户已经开始对这种基于触摸的技术习以为常。更为夸张的情况是，他们甚至会尝试在不具备触摸技术的传统屏幕设备上进行点击，以观察设备是否会对触摸产生反馈从而满足交互需求。

1. 技术背景

在展开触摸屏创意与技术融合的完整案例之前，我们进一步回顾和总结一下在广泛的设备上（包括触摸式大屏幕、多点触摸交互桌面、其他各种小微屏幕等）所使用的触摸技术，以及各项技术的发展过程和优缺点。同时，也分析触摸屏技术作为一种新兴的交互技术，在生活、工作、娱乐、教育及一些敏感领域（例如军事、安全等）的渗透及所产生的对应的影响。

今天的触摸屏技术与其刚刚诞生的时候相比，在技术的原理上已经有很大的差别。从技术原理的分类来看，目前的触摸屏技术可以分为四个主要的类别，分别是电阻式触摸屏、电容式触摸屏、红外式触摸屏、表面声波式触摸屏。这四种类型的触摸屏技术在实现方式上各不相同。

2. 技术分类

从触摸屏的总体技术构成要素来说，触摸屏技术主要包含两个部件：触摸检测部件和触摸屏控制器。顾名思义，触摸检测部件与用户的手指直接相接触，并且负责收集和发送触摸信号；触摸屏控制器则负责处理接收到的信号，并转换成准确的坐标点用于计算接触点位置及移动趋势。

电阻式触摸屏的触摸检测部件，主要由一块跟现实屏幕的表面非常贴合的电阻薄膜构成——当然，这是一种多层复合的薄膜，其包括作为不同用途的塑料薄膜、化学涂层等（见图6.1）。其中最主要的是中间用透明的隔离点隔离开的上下两层非常薄的氧化铟或者其他镍金涂层等导电层。用户用手指触摸屏幕时挤压最外面的硬质防磨玻璃或者塑料板，造成上下两个导电层之间距离的变化，从而导致电阻发生变化，并在水平和竖直两个方向上产生不同强度的电信号；触摸屏控制器则在接收到信号后根据其强弱程度计算出具体的触摸位置，并将其改化为输入坐标，驱动屏幕上的内容交互。

较为典型的电阻式触摸屏技术的实现是四线电阻屏。通过在水平方向和竖直方向同时布置的恒定电压的一对电线，计算机可以分别检测两个方向的电阻变化结果（见图6.2）。

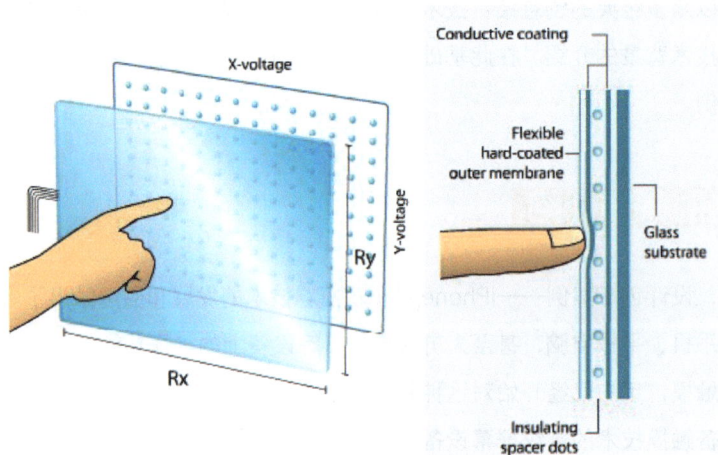

图6.1 电阻式触摸屏的技术原理

根据上述触摸屏原理可以发现，电阻触摸屏可以对任何触摸操作的对象产生反应，包括非导体的手套、木头等。而且由于电阻导线都封闭在分层中，所以对外隔绝的效果可以适应很多极端的使用环境。但其缺点也同样明显，由于高度依赖导电层，任何导电层的破坏都会对检测效果产生重大影响。

相比较电阻式触摸屏技术，电容式触摸屏技术的实现相对简单。电容触摸屏利用人体的电流感应进行工作。它的外面是一块四层复合玻璃屏，在内表面和夹层各涂有一层ITO，最外面加上一层矽土玻璃保护层，夹层的ITO作为工作面，从四个边角上引出四个电极，内层ITO为屏蔽层（见图6.3）。当用户触摸金属层的时候，由于人体电场的存在，用户和触摸屏表面就形成了一个耦合电容。由于手指会从接触点吸走一点很小的电流，而这个电流分别从四个角的电极流出，并且电流强度与手指到四个角的距离成正比，因此控制器可以精确地定位触摸点的位置。

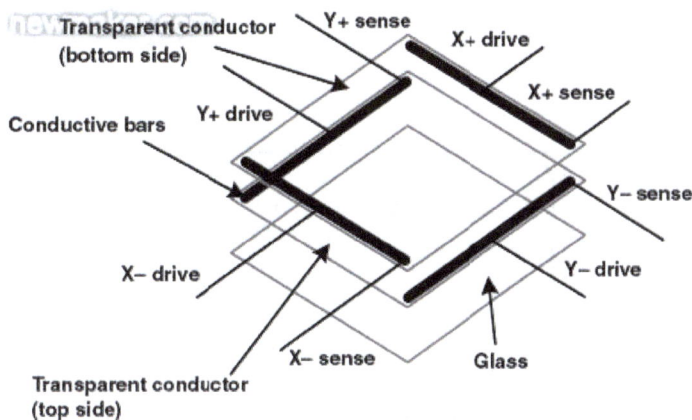

图6.2 四线电阻触摸屏的原理

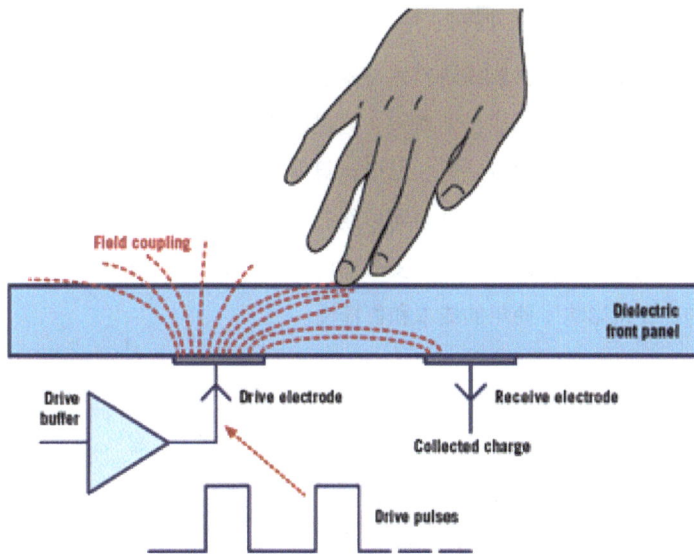

图6.3 电容触摸屏技术的原理

这种基于人体电场的操作带给用户新奇的感受，其操作直观，具有趣味性，而且不容易引起人体之外其他接触物的误触。但是也需要注意其弱点，例如基于人体电场变化的检测方式较难实现非常精细的点击输入，而且容易受到环境中电场的影响，严重的甚至会在电离环境中引起漂移。尽管如此，这仍是目前应用最为广泛的触摸屏技术。

红外线式的触摸屏技术则利用水平、竖直两个方向上密布的红外线矩阵来检测用户触摸的位置。通过在屏幕外框安装电路板并排布红外发射和接收器，组成对向矩阵。用户触摸屏幕的时候挡住这些红外线，系统便能通过计算挡住红外线的位置得到具体的触摸点坐标（见图6.4）。这种类型的触摸屏技术具有很高的稳定性，不会随着环境的变化产生漂移，而且触摸无需力度。但是其也存在自身弱点，例如会特别受到红外线的干扰，例如遥控器、高温物体等。

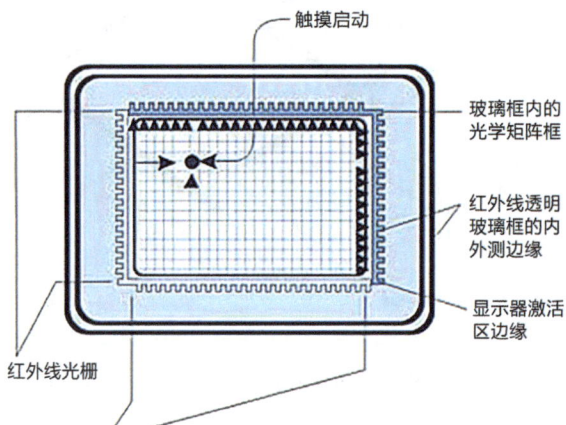

图6.4　红外线触摸屏技术原理

表面声波触摸屏技术与红外线触摸屏技术在实现方式上类似，只是用户检测的介质换成了超声波。在触摸屏表面发射浅层传播的机械能量波，经过四边刻着反射表面超声波的反射条纹的反射之后，部分声波能量被吸收，就会改变信号，从而计算得出触摸点的坐标（见图6.5）。这种类型的触摸屏技术总体效果较其他几种都更好，并且可以结合第三轴（即压力程度轴）的响应，从而进一步丰富触摸的反馈。但是，这种技术在第一次安装的时候需要进行单独校准，并且超声波发射和接收及边框反射图案的存在也影响了使用的成本和便捷性。

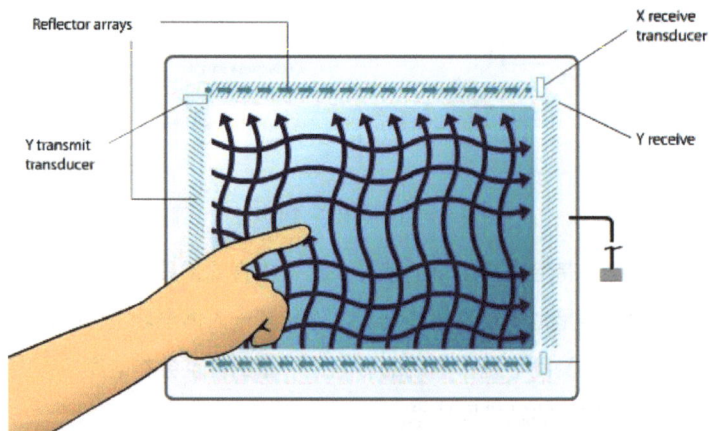

图6.5　表面声波触摸屏技术原理

上述触摸屏技术在不同领域都已经有较为广泛的应用。例如，目前在智能手机和平板等设备上，都普遍采用了电容式触摸屏技术；而在大型和超大型触摸电视上，则更多地使用电阻触摸屏技术；此外，在特定的工业领域，也存在红外线触摸屏技术和声波触摸屏技术的应用。

◤6.2 案例技术发展

上一节介绍了目前几种主流的触摸屏技术及其应用。虽然电容式触摸屏技术占据了绝大多数的触摸设备应用，但是新的触摸屏技术仍然在不断产生和发展。例如电磁式触摸屏技术或许会在未来大放异彩，因为它可以达到百分之百的透光率，并且天然地具有压力触控性能。

因此，本节主要介绍在现有电容式触摸屏技术的基础上出现的新的触摸屏技术及其应用。除此之外，通过前沿的触摸屏及相关技术的实现案例，进一步介绍触摸屏技术在智能移动设备上的发展和应用前景。

1. 触摸屏技术的新发展

以触摸屏技术为蓝本，提供与之相近的触感交互功能的技术还包括了众多科技公司提供的新型触摸交互技术成果。

在2014年的全球移动设备大会上，日本富士公司针对智能手机、平板电脑等消费电子产品的屏幕，展示了一种新的触感交互方案。它使用超声波振动来产生触感，并通过控制超声波的频率和强度，在手指和接触接触屏幕之间形成不同程度的触感摩擦力。引入这种增强的、可控的触感摩擦力生成技术，可以在用户手指和屏幕之间产生一个高压空气层，并通过空气层的强度控制形成漂浮的手感效果（见图6.6）。这种可控的触感摩擦力生成技术，可在传统的光滑玻璃屏幕上提供具有个性化的触摸质感，例如织物、陶瓷等材质，具有很好的兼容性。

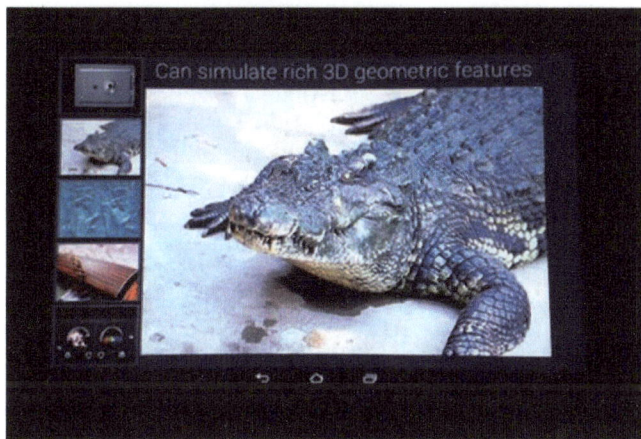

图6.6 基于超声波产生的摩擦力触摸屏技术

从传统的角度看，这种持续的高频超声波的使用会对设备的电池等产生显著影响。但是，富士公司的研究人员通过在强摩擦力和弱摩擦力之间的快速切换，已经对此进行了大幅改进，并在智能手机上取得了良好的应用效果。

另一种被称为"Vivitouch 4D Sound"的新型触摸屏技术出现，并在利用电活性聚合体技术的道路上取得了非常引人瞩目的进展（见图6.7）。将电极打印在一张非常薄的电活性聚合物基层上，基层可以在受到不同强度的电流的时候改变形状并产生微量移动。换言之，基层在配合用户的手指接触屏幕的时候，可以产生一定的变形，从而可以非常真实地模拟物理按键的手感。同时，利用这种新型触摸屏技术，可以在更快的屏幕触摸反应时间内为用户的动作提供物理反馈。

图6.7 基于电活性聚合物基层的可活动触摸屏技术

另一家名叫"TACTUS（触觉）"的公司则把传统手机屏幕上的最上面的接触层玻璃板替换成了一个特殊层，称之为"触感层"（见图6.8）。触感层的里面包含了微流体，通过很小的液体通道贯穿触感层。当用户手指触及屏幕的时候，对应位置的微流体就会膨胀，形成物理按键的效果。

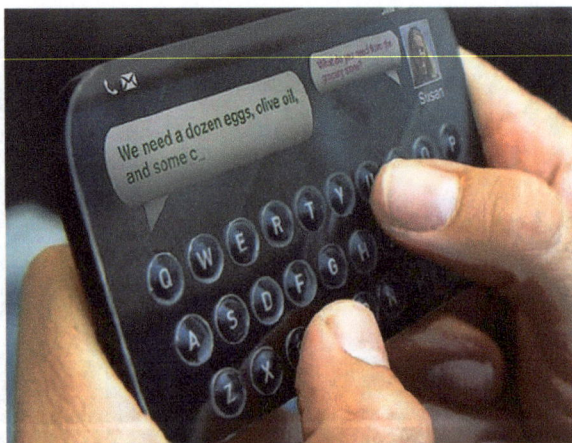

图6.8 基于微流体的触感层触摸屏技术

成立于1993年的沉浸触感技术（Immersion's Touchsense Technology）公司则在智能手机等消费电子屏幕的触感技术上进行了很久的探索，并分别展示了针对单点和多点的超高精度触摸屏技术（见图6.9）。

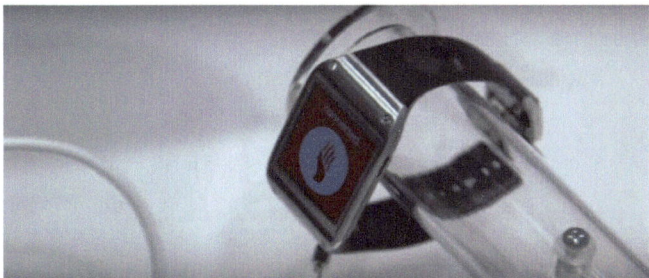

图6.9 Immersion's Touchsense Technology的多点触摸屏技术

2. 触摸屏技术的新方向

前面的触摸屏技术的快速进展令人惊讶，但是从技术的载体来说，它们本质上仍然基于设备的屏幕——形状规则、规格确定的屏幕。柔性屏幕的出现给上述触摸屏技术的兼容性提出了新的挑战（见图6.10）。最新的触摸屏技术甚至已经将触角伸向了屏幕之外，例如NEONODE公司的接近式交互屏幕（见图6.11）。更加前沿和具有科幻般吸引力的屏幕交互技术则指向了基于手机屏幕的全息投影（见图6.12）。

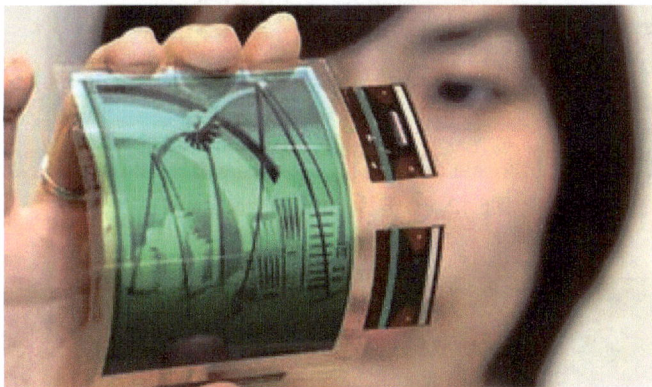

图6.10 柔性屏幕技术

3. 触摸屏技术发展的解读

从上述高科技公司对现有和前沿触摸屏技术的开发案例中可以看出，触摸屏技术正在从传统的电容、电阻等需要直接接触的技术转向非直接接触的技术，从基于平面屏幕的技术转向基于动态平面的技术，从基于规则屏幕显示区域的技术转向非规则形态、三维的技术。

虽然这些技术仍然不是非常成熟，甚至有的还仅仅存在于想象中（见图6.13），但是从触摸屏及周边技术的发展趋势上来看，智能移动设备上的触摸技术正在从单一的屏幕触摸走向多维综合的形式，甚至与环境中的真实物品相结合，形成新的交互技术。这为基于触摸屏技术的设计创意的发散提供了肥沃的土壤。

图6.11 NEONODE公司的接近式交互屏幕技术

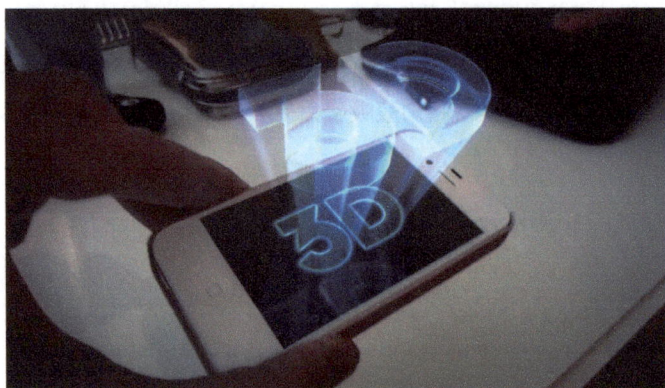

图6.12 基于手机屏幕的全息投影技术

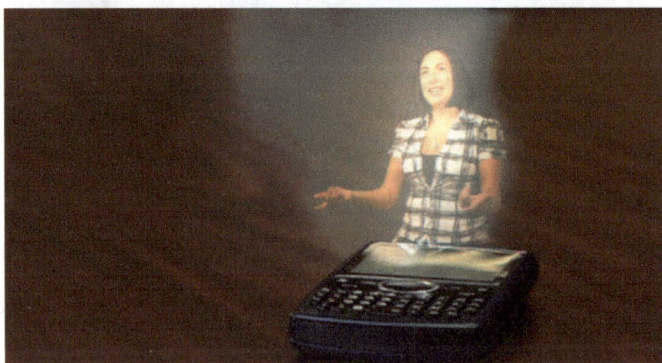

图6.13 基于全息投影技术的手机屏幕技术

◤ 6.3　案例设计创意

触摸屏技术的快速发展为针对智能移动设备的新型交互方式相关的设计创意提供了良好的基础。本节主要介绍基于NEONODE公司的接近式触摸屏技术，围绕移动设备屏幕周围的空间进行交互方法的设计创意方法和过程。

6.3.1　功能创意

围绕接近式触摸屏技术的应用，本案例中展示了针对功能的设计创意的产生方法和过程及一部分设计创意的结果及其价值判断。

首先要对选择的接近式触摸屏技术进行技术规格分析（见图6.14），目的主要是了解该技术的应用范围、能够完成的触摸交互、所面临的相关限制和缺点。这些分析是对功能创意展开设计构思的基础，以下对技术的规格进行说明。

1. 技术原理

从图6.14中可以看到，非接触式的触摸屏技术主要采用了接近感应的方式来对靠近手机四周的手指或者其他非导电物体进行检测，并根据手指等对象的接近程度、速度和方向等运动特征，在屏幕上做出相对应的反应。可以从包围在手机四周的黑色接近传感器中得到手指等的位置和移动信息。

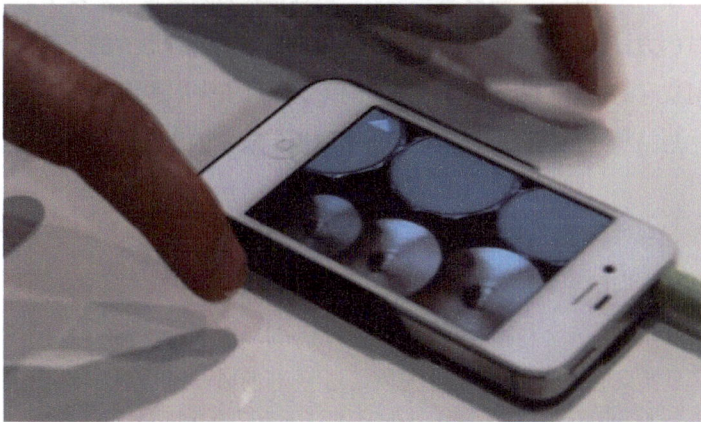

图6.14　接近式触摸屏技术

2. 支持的交互动作

基于上述技术原理可以发现，接近式触摸屏所支持的交互动作包含了基础的手指接近、离开，也包含了其他相对比较复杂的动作，例如快速移动靠近，还有在手机侧边进行的上下移动等。手机一侧的传感器对单个手指的检测具有良好的精度和反应灵敏度。

3. 支持的交互范围

从上述技术原理的描述中可以得出，接近式触摸屏技术所支持的交互范围大体在手机侧面所包含的空间四周，即离开手机侧面一定距离（通常有效距离在200～300毫米，但是精度会随距离的增大而降低）。通常交互任务中，对手指头在手机四周的活动（例如用手指做出捏的动作）可以进行较为精确的判断。

4. 可适用的交互场景

从上述支持的交互动作、交互范围，结合接近式触摸屏技术在智能手机等设备上所涉及的基本操作类型，可以对该技术能够适应的交互场景进行判断。这主要包括基于智能手机和平板等平台的游戏（例如通过在手机两侧的手的拿捏的动作抓取游戏中的虚拟道具物品）、阅读（例如通过在手机的两侧的滑动来进行阅读的翻页等）、数据输入（例如通过手指在手机侧面的上下滑动，进行指定字符的输入）、音乐创作（通过以不同的位置、距离和速度与手机侧面的传感器进行交互，控制音乐的节奏和音符等）。

5. 技术的限制

从接近式触摸屏技术所适用的交互场景来看，实际的接近式触摸屏的应用也存在明显的限制。例如，针对手指等交互对象的检测距离是有限的，并且精度会随着交互距离的增加而下降，因此其无法适应较远距离的交互应用。另外，也可以从技术的原理中看到，一个侧面的传感器对于多个不同物体的检测效果较弱，因此，在手机的一侧同时支持多点触摸仍然是受到限制的。另外，基于技术原理中接近传感器的工作方式，可以看到接近式触摸屏技术对于混乱环境下的抗干扰能力仍然是一个未经完整测试的方面，即到底在何种嘈杂的环境下、针对何种形式的干扰（例如多人、多手指同时交互等）会对交互的结果产生何种确定的影响（例如触摸坐标的漂移等）。

基于上述技术规格和特点的分析，结合接近式触摸屏技术的潜在适用交互场景，可以开展功能角度的设计创意。

（1）利用头脑风暴法[1]，对智能手机、平板之类的产品可能的应用场景进行分类。

这些分类囊括了人们日常生活中的高频次交互场景，例如在手机上阅读、玩游戏、查阅资料等，同时也包括了工作方面的相关交互场景，例如多人协作会议、信息沟通等（示例情境见图6.15）。

（2）在头脑风暴结果的基础上，利用主题网络法[2]，将前面得到的分类转换为可操作的交互主题。

例如，在驾驶情境下的导航任务中使用接近式触摸屏（见图6.16），在车上使用手机进行阅读（见图6.17），在办公桌面上进行信息查询（见图6.18），以及在双手握着手机的情境下使用身体其他部位控制游戏等（见图6.19）。

---

1 头脑风暴法的使用方法和具体流程，请参考《通用设计方法》第22页。

2 主题网络法的使用方法和具体流程，请参考《通用设计方法》第178页。

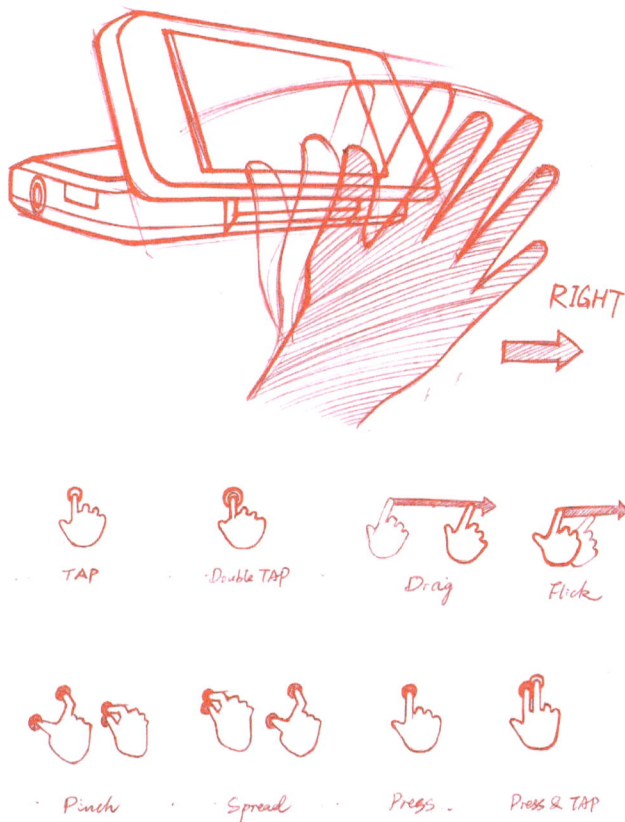

图6.15 头脑风暴法的过程（上），头脑风暴法得到的交互场景示例（下）

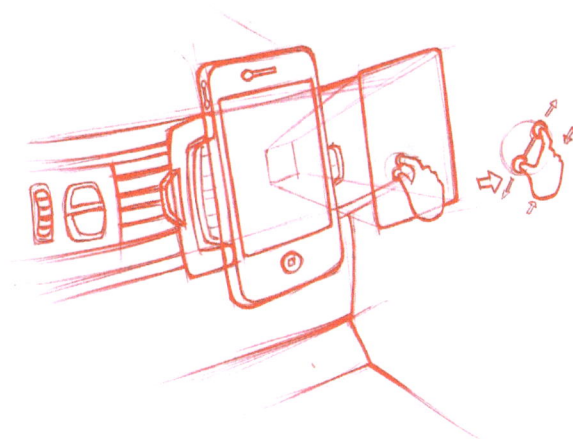

图6.16 驾驶情境下的接近式触摸屏交互

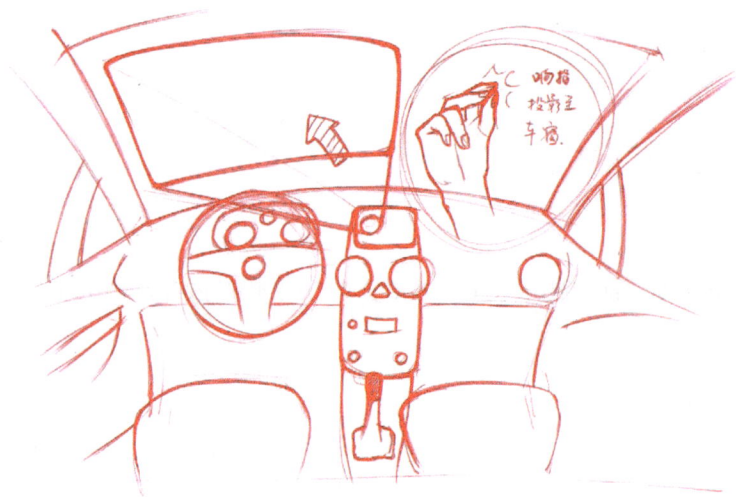

图6.17 车上手机阅读等交互

（3）针对上述具体交互场景下的接近式触摸屏技术应用，展开具体的功能创意。

此处，进一步对上述提出的交互场景进行选择，以驾驶环境下的接近式触摸屏交互技术的应用为例子，展开具体的功能分析。

在驾驶环境下进行触摸交互的具体交互任务主要有三类：

第一类是驾驶状态的信息查询；

第二类是导航需求；

第三类则是娱乐需求。

产品设计创意与技术开发

针对这三类交互任务，可以进一步将其细化为具体的交互需求。针对驾驶状态查询的，需要通过手势切换信息显示；针对导航的，需要对地图进行放大、拖拉、地址输入等操作；针对娱乐的，需要对音乐或者视频播放等进行切换控制。

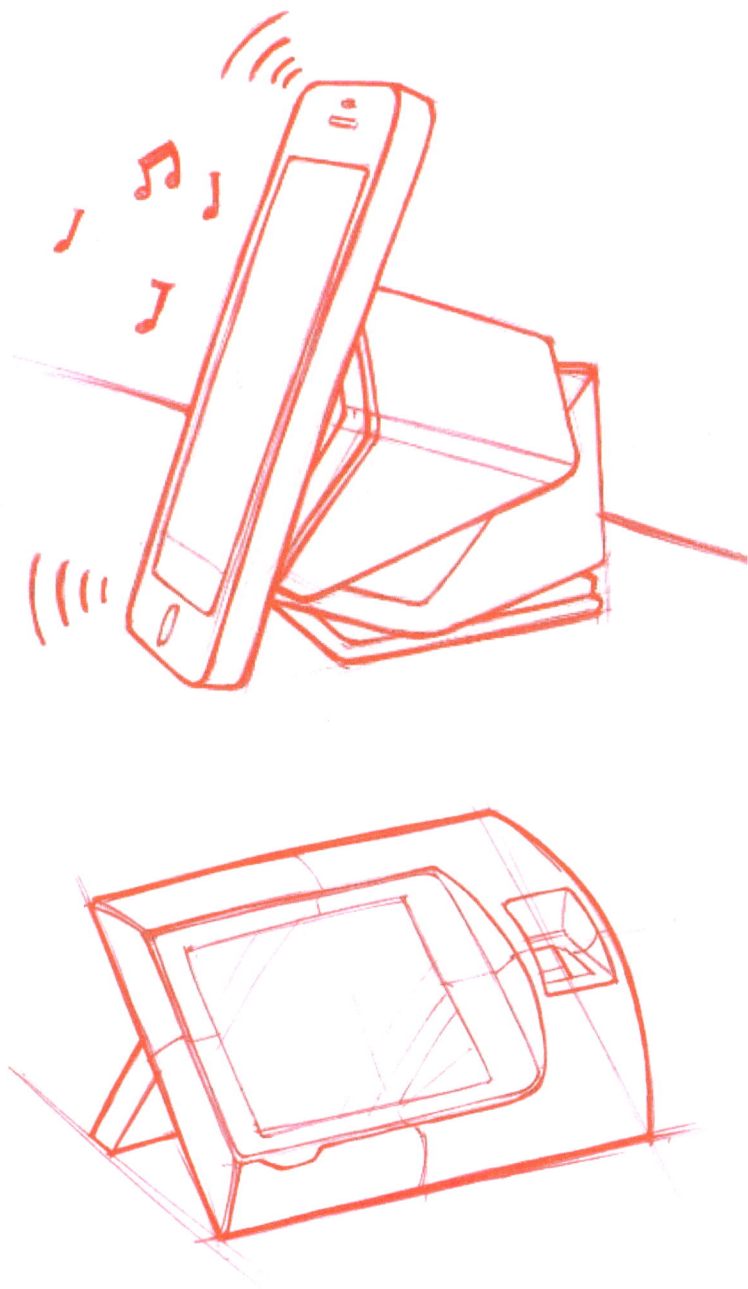

图6.18 办公桌上信息查询和交互

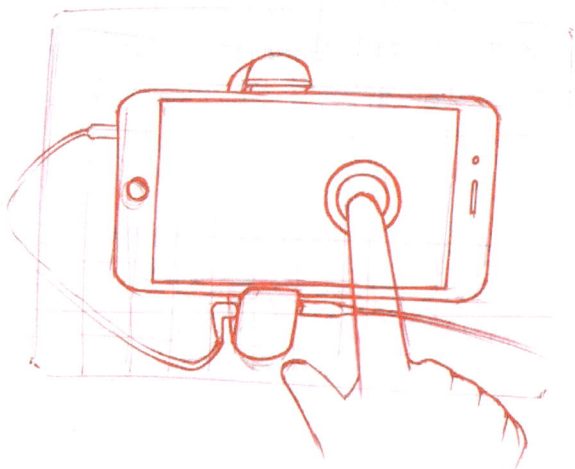

图6.19 双手握机时利用身体控制游戏

6.3.2 形态创意

基于上述功能分析的结果，开展具体的产品形态创意。产品的形态创意主要满足两个方面的需求：第一个方面是对于前文功能的形式化，或者说是产品功能的外观设计，展开推敲；第二个方面是针对前文功能及形态基础上的交互过程的推敲。简而言之，形态创意部分的主要目的是将前文的功能需求通过具体的形态表达出来，并对功能、形态、用户之间的使用状态（称之为交互过程）进行合理的思考。

由于前面功能创意主要针对三个方面的需求，因此，在形态创意时，也要紧紧地围绕这三个主题展开形态推敲，具体的形态创意如图6.20所示。

图6.20 基于草图的接近式触摸屏技术在驾驶环境下的形态创意

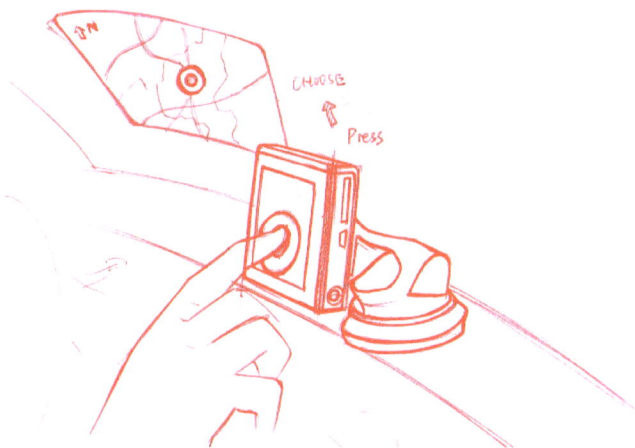

图6.20 基于草图的接近式触摸屏技术在驾驶环境下的形态创意（续一）

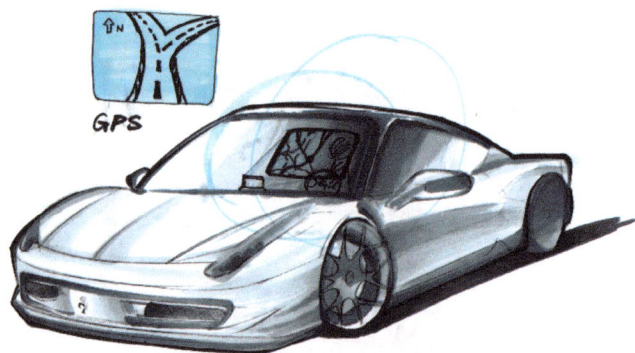

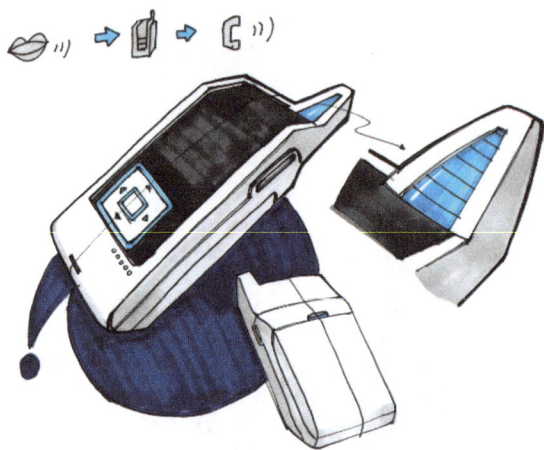

图6.20　基于草图的接近式触摸屏技术在驾驶环境下的形态创意（续二）

6.3.3　使用情景与方法创意

前面针对功能及形态展开了创意。在此基础上，需要进一步对这些创意进行总体回顾和评价，从其中选择最具客观价值和实际意义的设计创意，从而为设计创意的具体使用情景、交互方法的创意提供明确的方向。毕竟，从最初的设计创意的萌芽开始，到完成一系列的设计创意及具体的草图表达，这一系列的设计活动的最终目的是发明产品而不仅仅是发明创意。

从前面的功能和形态的创意中筛选有价值和意义的部分，并针对选中的创意构建具体的使用情景和交互方法，需要用到一些价值分析方法，包括在前文设计创意的重要性判断章节中提及的价值机会分析等。

通过对功能和形态的价值分析、领域模型构建、三角比较之后，可以得到相对较为重要的创意。例如，在上面的功能分析中已经提出了对于驾驶情景中空中姿势交互的偏好，而草图表达则进一步对驾驶环境下的交互方式进行了表达分析。总结上述分析结果，可以得到设计创意的产品雏形。

6.4 案例的实现

基于前面的技术发展、功能创意、形态创意，并结合具体使用场景下的交互方法等，可以对接近式触摸技术在智能移动设备上的应用展开具体的实现。

6.4.1 技术的实现

为了实现高精度、具有良好抗干扰性能的接近检测技术，可采用美国得州仪器公司的接近式电容传感器模块（见图6.21）。基于通用的震荡电路组成的电容式接近传感器技术通常也能用于物体的接近检测，并且可以通过改变震荡电路中的电阻值对于检测的精度进行调整。例如，可以利用基于Arduino平台的基本电路构建接近传感器的原型。但是，总体检测精度容易受到环境中的各种电磁信号的影响而无法获得高精度的检测效果，甚至一个带静电的用户自身也会对传感器本身造成影响。因此，采用具有抗噪功能的相关处理器有助于进一步提高原型系统的可靠性。

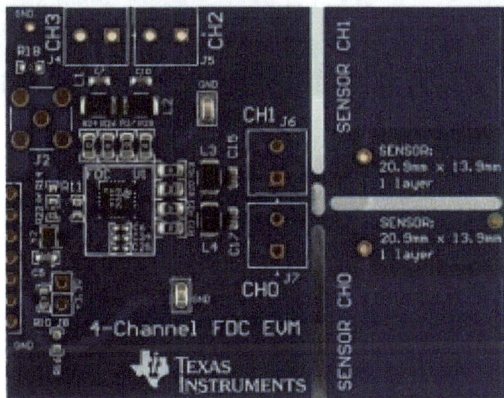

图6.21　德州仪器的电容式接近传感器评估板

利用上述接近检测模块，可以基于电容感应技术来检测任何导电或者非导电目标对象的存在，包括在该类对象接近或者离开传感器时候的距离变化。如图6.21所示，右侧的两块金属板为PCB电容传感器，将检测到的电信号传至中间的电容感应信号处理芯片进行噪声去除和其他信号处理（见图6.22），从而能稳定地获得在物体接近或者离开传感器面板时候的电容感应信号的连续变化。在右侧是微控制器，它的作用是在接收到中间芯片处理的信号之后，将整个传感器检测和处理系统连接至另外一个处理系统，例如计算机等（见图6.23）。

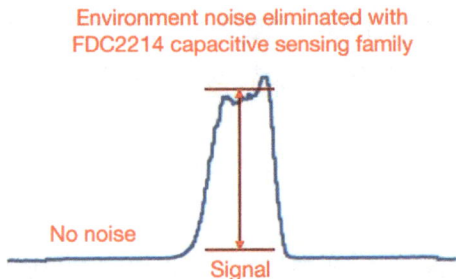

图6.22 处理芯片的噪声和其他信号处理的原理

图6.23 连接至电脑的接近传感器及处理模块

6.4.2 产品外观原型的构建

基于上述技术实现平台，可以进一步开展针对产品外观的设计。由于上一节已经对产品的功能、形态进行了较为充分的创意和分析，并最终选择应用场景为驾驶时导航相关的交互。因此，可以想象，在基本的产品形态的表现上，可以依赖于现有的智能手机或者平板等设备，并在其之上，通过增加额外的接近传感器来实现准确的对接近物体的检测。

因此，在构建原型产品外观的阶段，可利用市场上已有的智能手机作为硬件主体，在其之上增加接近传感器（见图6.24）。本节中案例采用了苹果公司的iPhone 5S系列手机，结合导电铜箔作为手机各个面上的接近传感器，实现了能够满足手机空间接近检测的原型。在该原型系统中（见图6.25的一系列细节），将铜箔粘贴至手机外壳的侧面中可以有效地实现接近检测。但是需要注意的是，为方便下一阶段的软件功能的调试，本阶段的原型硬件系统没有将捕获、处理接近传感数据的芯片及完整的处理开发板都整合进手机中。这样做有两个好处：第一，后面的软件调试可以较为方便地调整原型硬件的实现方式，以达到最佳检测效果；第二，将接近检测功能完整地整合至手机中，形成成熟的解决方案，甚至结合至手机系统的硬件驱动中，在该原型的基础之上仍然需要很长的开发和验证过程。因此，此处的原型硬件系统及后续的应用软件开发都首先以效果展示为主。

图6.24 基于手机的接近传感器的布置

6.4.3 产品软件的开发

前面部分展示了利用铜箔结合苹果手机形成硬件原型的过程和细节，本部分在其基础之上进一步对软件功能展开设计与实现。软件功能的设计与实现受到硬件平台的影响。例如,采用得州仪器公司的专用抗干扰开发平台的话(见图6.23),就需要配套地在其提供的开发环境下(例如Windows 7)设计实现相应的接近传感器的信号处理;如果采用的是通用的接近检测开源硬件平台的话(例如Arduino),则需要基于其接近传感器库进行开发。此处以前者为基础展开产品软件的开发讲解。

通过将所有接近传感器连接至得州仪器的开发板上的处理芯片,然后进一步通过信号处理器连接至电脑上,可以在电脑上检测到各个传感器获得的数据。完整的信号捕捉和处理的流程如图6.25所示。

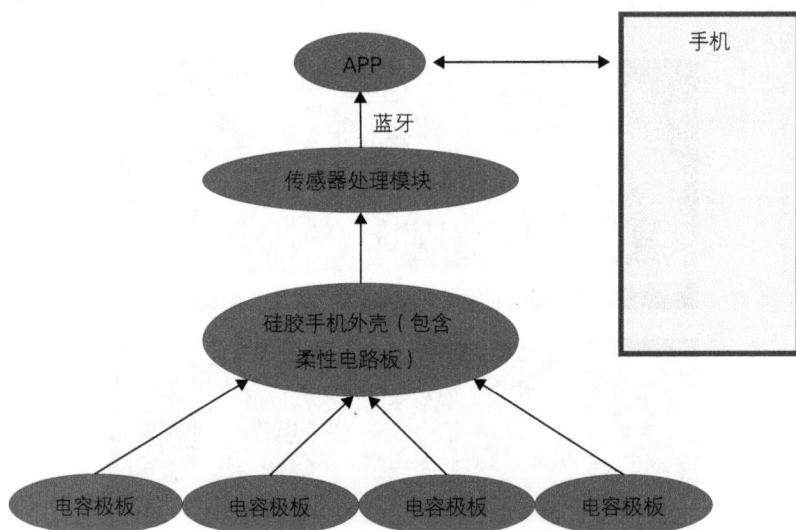

图6.25 接近传感器的信号捕捉和处理的流程

从上图中可以看到,软件部分的首要功能是同时从6个接近传感器中获得检测到的信号。这主要包括在6个通道上,采集接近传感器的元数据,并利用开发板上的处理芯片对获得的数据进行降噪和可视化,从而为不同的物体接近程度的判断提供参考。在稳定获得6通道检测信号的基础上,将数据发往系统——这里主要指手机系统,而非连接开发板的宿主电脑。

由于接近传感器模块及开发板都不是通用的USB设备,并且在现有的主流手机操作中也没有相应的硬件驱动,因此,在初期的系统开发阶段,可以通过"迂回"的方式进行传感器与宿主手机之间的通信。这种迂回通信主要包括利用宿主电脑所获得的数据,将其发往手机的蓝牙连接,然后使得手机在接收到相应的数据之后进行相应的操作,例如做出与接近物体运动对应的滚动屏幕等操作(见图6.26)。

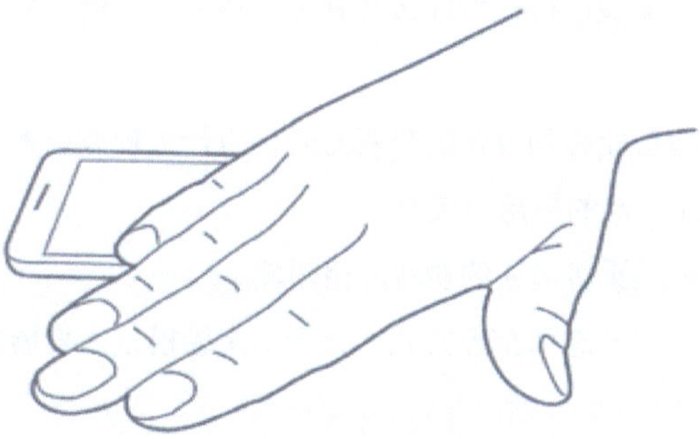

图6.26 物体接近手机及对应的操作示例

6.4.4 产品系统的演示与评估

在软件部分的功能开发之后，还需要对完整的原型硬件和软件的整体功能进行测试和评估（见图6.27）。测试的过程主要沿用传统的用户实验方法，包括招募符合要求（针对目标用户群）的用户，并为其提供上述系统原型，使其按照一定的要求完成规定的任务。然后，通过统计分析用户在特定尺度的表现，评估原型的效果，并进一步根据结果做出针对性的调整。

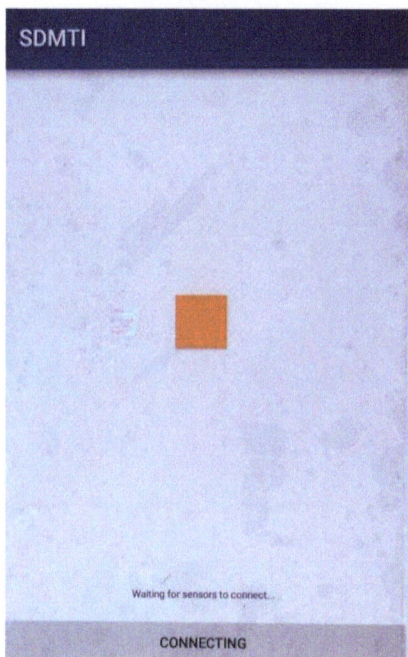

图6.27 原型演示软件界面

问题与思考：

（1）纵观多点触摸技术的发展过程，为什么在其发明将近半个世纪之后才得以在智能手机上进行大规模使用？

（2）基于多点触摸技术与智能移动设备的交互方式，为什么触摸技术多集中于类似智能设备的显示屏幕设备上而非其他更加广泛的应用领域？

（3）试基于触摸技术，扩展更多潜在的功能应用领域。

（4）试基于触摸技术的实现形态和交互方式，分析未来触摸技术发展趋势下的可能的信息产品的形态。

（5）试基于触摸技术、相关产品设计形态和设计创意，分析还有何种方法适合进一步拓展类似的技术应用。

第7章 技术创意案例——
计算机图像识别技术与智能菜品识别机

计算机图像的处理和识别是一个跨学科的前沿领域。随着近几年计算机硬件的快速发展及计算机图形算法研究上的成果，计算机图像处理和识别技术从20世纪80年代开始到今天已经有了迅猛的进步，并已经广泛应用在工业、金融、军事及机器人视觉、车辆导航等多个领域，取得了良好的效果。到今天，人们对于计算机图形检测与识别技术的角色和作用，已经取得了普遍的共识。

本章基于计算机图像识别技术及其他前沿技术，例如机器学习等在餐饮领域的交叉应用，展开和介绍了一个智能菜品识别机的设计创意与开发案例。

7.1 案例背景介绍

计算机图形处理与识别在近些年的发展中，出现了两个非常典型的飞跃。第一个飞跃是针对并行计算机图形处理的硬件设备的进步，也就是通用图形处理卡（GPGPU）的应用。与传统的、完全基于CPU的计算方式相比较，这种方式为计算机图形处理提供了并行的计算方式，从而在处理效率上较之前有了数十倍甚至数百倍的提升。这为处理与识别更加复杂的图形提供了计算资源条件。

另一个飞跃是机器学习的兴起。机器学习是计算机科学的一个分支，其主要内容包含了模式识别、计算学习理论、人工智能等。早在1959年，科学家阿瑟·萨缪尔就将其描述为赋予计算机在不用直接编程的条件下自主学习的能力。近些年，随着新的机器学习算法的产生和成熟，例如深度神经网络、基因遗传算法等，计算机图像的处理和识别在算法和数据处理上有了强大的支持。

【例1】一个关于计算机图形处理与识别技术与机器学习及通用图形处理卡架构相结合的典型例子是Google公司的"猫"的识别。案例的主角是在2011年开始的"Google Brain"（谷歌大脑）项目。该项目是由Google的资深研究员Jeff Dean，研究员Greg Corrado，还有斯坦福大学知名人工智能领域的教授Andrew Ng.联合组建（见图7.1）的。Andrew Ng.在2006年开始就对利用深度学习技术来解决人工智能面临的问题非常感兴趣，并进行了积极的尝试，而在2011年Google Brain

项目组建之后，Google公司进一步组建了大规模深度学习软件系统Distbelief，也就是今天Google的开源机器学习框架Tensorflow的早期版本。

图7.1　发起Google Brain项目的Jeff Dean、Greg Corrado、Andrew Ng.

在2012年，该项目利用Google的庞大计算资源，进一步对机器学习在计算机自主图形识别任务领域发起了新的挑战。通过利用16000台服务器组成的计算集群来模拟人脑在图形处理过程中的部分活动方式，研究人员让计算机学习了超过1000万张的图片，结果成功地让计算机自主识别了图片中的猫（见图7.2）。

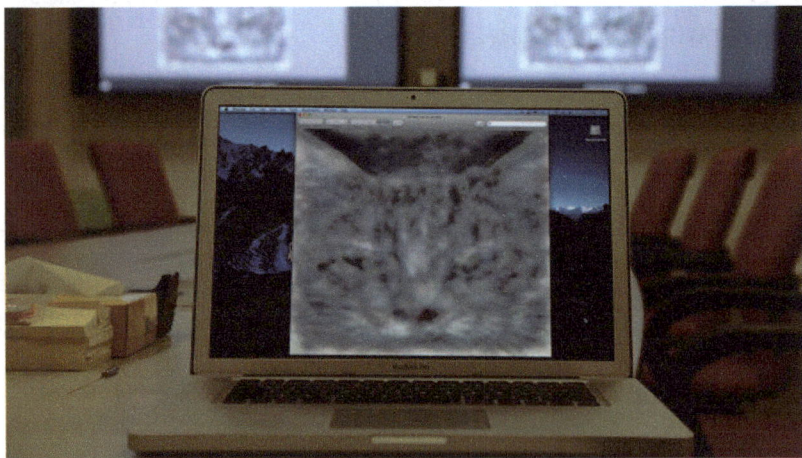

图7.2　通过16000台计算机学习1000万张图片之后形成的对猫的自主识别

另外一个能够很好地展示计算机图像处理和识别前沿技术的案例是在城市交通领域的车流监控、车牌识别（见图7.3）。

【例2】在2015年1月，百度公司发布了一则关于图像分类识别测试的机器成绩的消息，在测试中，经过训练和优化之后的计算机系统的图像识别的错误率低于5%，而人类的平均统计错误率是5.1%。在同年2月，微软亚洲研究院的研究成果将这一纪录提高到了新的高度。也就是说，在特定的自然图像识别任务中，计算机已经在平均准确率上超过了人类，这也为计算机图像自动识别技术系统在高敏感领域，例如军事、交通等的应用可靠性提供了令人信服的支持证据。

图7.3 基于计算机图像识别技术的车流监控（上）和车牌识别（下）

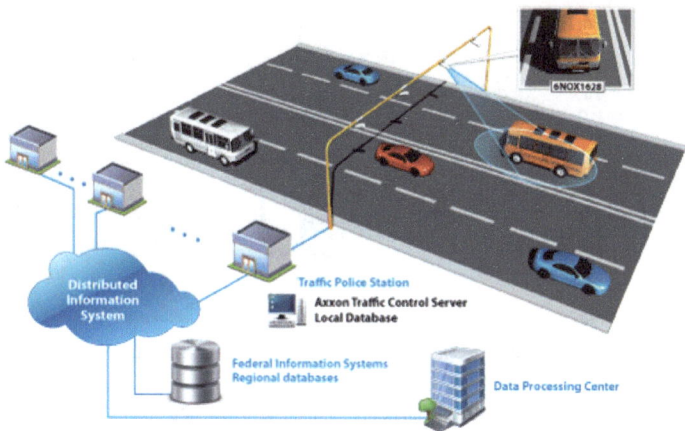

图7.4 车牌识别系统的构成

图像的计算机自动识别技术结合了计算机、光、电、通信、网络技术，通过互联网和移动通信等技术，实现了对象识别之后的任意范围内的追踪。举个简单的例子，货物背面的条形码及超市收银处的扫码器就是一种典型的计算机图像自动识别技术的应用。对于车牌的识别是在标准二维码的基础上增加了更多的动态因素，例如不确定的光照、无故的遮挡和自然污损、多样的使用环境。但是，车牌识别至少在需要识别的对象上是一种硬性的、统一的规格，这为计算机图形的处理和识别提供了很大的方便，因为图形可以通过模式对比直接得到结果。

但是，对于猫、狗及其他形态、色彩、动作等都会发生不确定变化的自然对象而言，计算机图像的处理和识别的挑战才刚刚开始。百度公司曾经在其手机词典上设计了一个功能：通过拍摄任意照片，用户可以指定照片中的物体，让百度自动识别出其名称。但是，该功能的识别效果并不非常理想，识别的准确率很难达到用户预期的程度。例如，其会将矿泉水瓶识别成伏特加、将手指识别为脚趾、将小模型识别为动物等。因为这些出人意料的计算机图形识别结果，该功能甚至很快就变成了网友们调侃、恶搞的对象。

毋庸置疑的是，不断进步的计算机图像识别技术的应用目的并不止于上面这种简单的娱乐应用。随着识别精度和准确率的快速上升，计算机图像识别技术开始在更加广泛的领域使用。

【例3】微软公司在2015年推出了一个检测人的脸部从而判断其年龄的网站www.how-old.net（见图7.5）。该网站在基于人像图片的年龄判断上，准确率已经比前面的百度公司的拍照识别功能有了明显的进步。

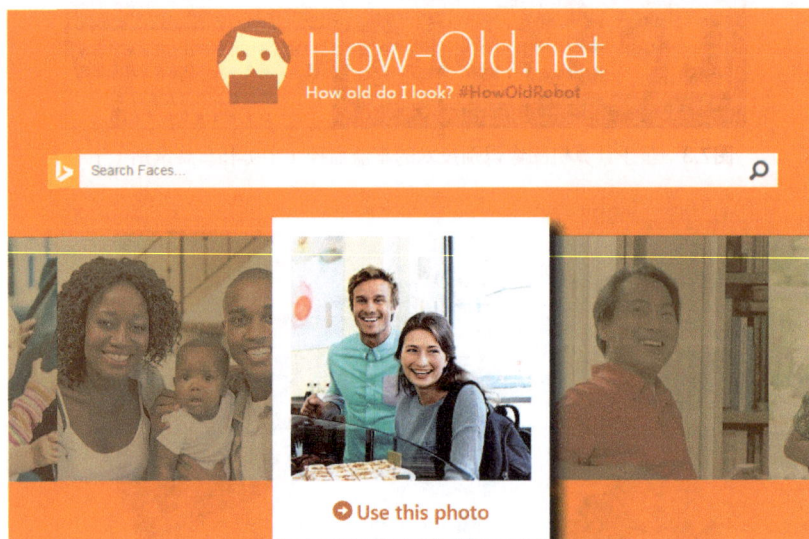

图7.5 微软公司的通过脸部检测年龄的网站

得益于图形计算设备及计算机图形识别技术的相互促进，今天的计算机图形处理与识别已经开始应用在更加广泛的领域，例如机场车站等场所中的人流监测、社会治安监控中通缉罪犯的人脸自动识别、基于人脸和巩膜等高精度人体特征的计算机识别等。在这样的背景下，出现了一些与传统领域相比具有很大不同的应用，例如刷脸支付（见图7.6）、自拍付（见图7.7）等。

图7.6　刷脸支付

图7.7　自拍付

此外，一些传统行业也对目前计算机图形处理和识别技术所表现出的诱人前景蠢蠢欲动。

【例4】例如，英国的连锁超市巨头乐购（TESCO）就在旗下的一家超市的结算柜台边安置了一台基于人脸识别技术的广告牌（见图7.8），基于光眼（OptimEyes）技术来识别用户的脸部特征，来自主决定匹配的广告内容。同样的，韩国首尔国际金融中心商厦的大堂也使用了类似的面部识别软件系统，用于供用户查询信息（见图7.9）。

图7.8 乐购（TESCO）超市中的人脸识别广告系统

图7.9 首尔国际金融中心大厦中的人脸识别显示牌

◢7.2 案例技术发展

7.1节介绍了目前计算机图形处理与识别技术的前沿应用及其给传统和新兴行业所带来的新应用。本节在正式展开计算机图形处理与识别技术的设计创意与技术开发的具体案例之前，对相关技术的发展背景做一个简要的介绍，从而为后面案例中一些术语的使用及具体涉及的开发技术说明等有更好的理解。

得益于互联网巨头及其他相关行业对于新技术应用的巨大热情，今天的计算机图形处理与识别技术已经在多个领域确立了独特的地位。但是，也有的学者认为计算机图形处理与识别的技术仅仅是一种夸大的噱头、一种短暂的潮流，会很快在社会发展的洪流中被新的技术所取代。因为新的技术，例如三维空间深度识别等，正在为计算机理解我们生活和工作的空间提供越来越多的信息，并逐渐推进对于环境的理解。但是，如果从计算机图形处理与识别技术的早期产生和发展的过程来看，可以发现，其本身也是推动计算机更好地理解我们生活、工作环境的明星技术之一。

有趣的是，很多对于人类而言再简单不过的自然物体，例如一只小猫，对于计算机而言却是很大的挑战。与计算机相比，人类有着极其漫长的进化历史，结果之一就是人类从诞生开始便不断地自我训练，从而对所处的环境进行识别。在这方面，前文提到的Google公司的猫的自主识别项目已经证明，计算机正在逐渐拥有这种自我学习和识别图形的能力。

【例5】从另外一个角度来看自然对象识别，例如图7.10，第一眼看上去似乎是个简单的三角木头结构。但是，再仔细看就会发现其并非一个简单的三角结构，而是充满了循环与矛盾的视觉对象。对于人类而言，这到底是个什么结构、里面到底是如何走向，这些仍然是不确定的问题。对于计算机视觉和计算机图形处理与识别系统而言，这更是个挑战。

图7.10 视觉中的矛盾空间

1958年，科学家弗兰克·罗森布拉特（Frank Rosenblatt）提出了一种新的、神经网络形式的计算机图形认知算法。该算法应用展示了计算机如何辨认隐藏在森林中的伪装坦克。但是受限于所拍摄照片时的天气，该算法在识别测试中并没有取得非常稳定的成绩，但它已经展示了利用计算机图形处理和识别技术对于某些图像相关领域中的广泛应用潜力。

在后续的人工智能和计算机视觉技术的快速发展过程中，研究人员们更多地专注于解决图像处理的问题，例如图像分割、像素操作、边缘提取、形态拟合及如今非常流行的图形处理软件Photoshop中包含的大量滤镜效果等。这一时期的成果为设计应用等领域提供了巨大的帮助，但是这并不符合计算机视觉和计算机图形领域本意的发展方向，因为这些成果仍然无法解决前一阶段提出的计算机图形和计算机视觉领域的重大挑战。

直到20世纪90年代，一系列新技术的产生才开始对计算机图形处理和识别产生巨大的促进作用。

【例6】例如，对象归类、物体识别与分割、脸部识别等技术的逐渐成熟和应用开始为计算机图形领域拓展新的方向。基于这些技术成果，产生了可以通过识别拍照对象的笑脸自动按下快门的照相机等应用（见图7.11）。同时，分类训练等方法（见图7.12）也开始使得计算机对于部分自然图形的识别日益准确，例如识别紧握的拳头并跟踪其移动轨迹等，这些技术开始能够稳定地应用于一些交互应用情境中（见图7.13）。

图7.11 基于笑脸识别的自动快门照相机

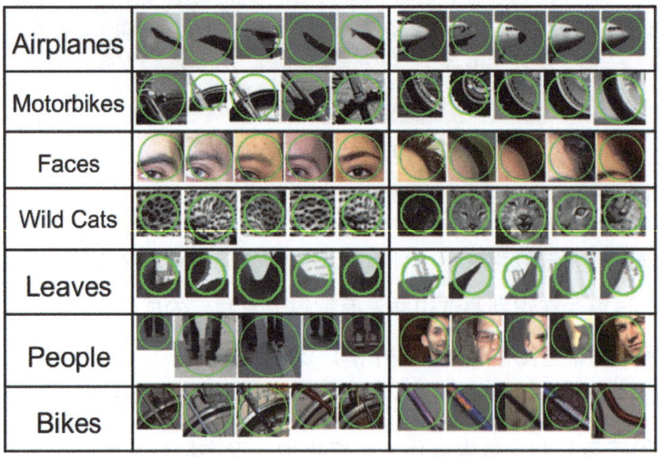

图7.12 基于分类训练方法的计算机图像识别

目前的计算机图像处理与识别技术，在经历了20世纪90年代开始的黄金发展时期之后，已经能够部分地实现当初的自然对象识别的目标了。基于前沿的神经网络及深度学习网络等方法（见图7.14），计算机已经能够高效并且准确地区别不同的物体。甚至如前文提及的，在对某些对象的识别上，例如人脸，计算机的识别准确度已经超过了人类。尽管这种成果可能只是在某个简单应用上的偶然现象，但毫无疑问，这种识别的优势正在被逐渐夯实，并且在更加广泛的应用领域进行扩张。

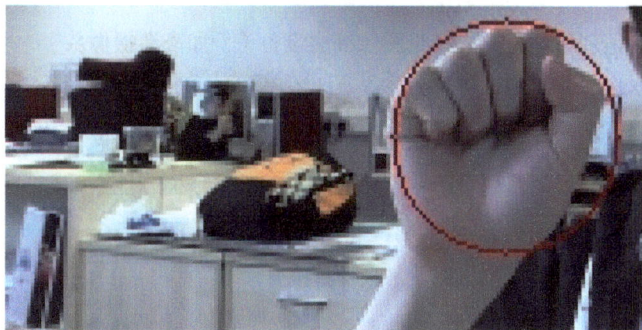

图7.13 对紧握的拳头的识别与追踪

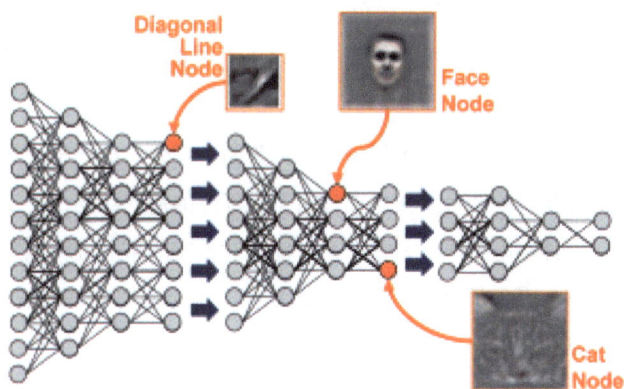

图7.14 深度学习网络原理示意

尽管如今的计算机图形处理与识别技术已经在识别的准确度上有了很大的成就，但是其在完整地理解画面中的对象方面仍然存在着很大的"软肋"。例如，当一个前景物体和一个背景物体同时出现在画面中时，如何让计算机能够理解不同的关注焦点就是个不小的挑战。在这方面，简单地应用上面提及的深度神经网络等方法无法彻底解决该问题，解决内容理解层面的挑战是接下来计算机图像处理与识别面临的挑战之一。

7.3 案例创意设计

前文阐述了计算机图像处理与识别技术在不同领域中的应用及技术的发展过程。本节主要介绍基于计算机图像处理与识别技术的"菜品识别系统"的功能创意、形态创意、使用情境和交互方法创意三方面的内容，从而展现一个完整的设计创意与技术融合开发案例。

7.3.1　功能创意

计算机图形处理与识别技术主要依靠不同的算法和流程，从而实现对特定图像的识别功能。本案例中介绍的"菜品识别系统"主要利用图像捕捉设备（例如高清摄像头）对获得的食堂菜品进行种类识别，从而根据数据库中的菜品单价计算总体价格。

首先对选择的计算机图像处理与识别的技术进行分析。分析的主要目的是了解该技术的具体应用范围、能够完成的识别对象及其准确率及该技术实现方案所面临的主要局限和问题。这些分析主要针对菜品识别系统的功能创意展开。在介绍具体技术实现方法的同时，也对技术开发框架进行必要的介绍和说明。

1．技术原理与方法

从前文的计算机图像处理与识别技术的应用案例及技术发展背景的介绍中可以看到（例如图7.14的深度学习网络），要实现对形态、颜色、纹理、样式等都不"硬性"固定的菜品的识别，需要结合深度学习方法，在采集不同角度、光照等变化条件下大量菜品的图片基础上，进行重复样本训练与特征机器学习过程。

具体到菜品识别系统的案例中，技术原理可以分为两大部分。第一部分是采集大量具有代表性的菜品样本图片，该部分获得的图片结果主要作为第二部分的输入数据；第二部分是基于样本图片进行深度学习，通过深度神经网络等方法使得系统能够对特定的菜品进行识别。该部分的结果为一个训练集合，可作为参数加载至系统中用于图像的识别。一个完整的菜品识别系统还应包含价格、菜品营养等数据计算的部分。

2．支持的菜品识别范围与对象

针对菜品识别的深度学习结果并不具备识别其他对象（例如人脸）的能力，也不具备从一个能够以99.9%的准确率识别番茄炒蛋的结果自动拓展至另外的菜品（例如鸡排和猪排）的能力。而现实是，一个正常运营的大学食堂，每日所提供的所有大小、各式菜品的数量将达到上千个。而且，在所有菜品中还具有相似度非常高的多个菜品种类，例如刚刚提到的鸡排和猪排等。

在这种背景下，对能够识别的菜品范围和对象进行合理的分类有助于大大减少深度学习过程所需要的数据处理级别。例如，对于某些形式固定的菜式，例如白米饭，可以进行较少的深度学习即可达到理想的识别效果；对于一些形态不易控制、并且样式多变的菜式，例如容易受到配料颜色影响的尖椒牛柳，则需要在深度学习过程中更多地提供纹理等样本图片，并进行尽可能多的机器学习过程。

基于这种分类，可以将食堂菜品分为三大类。第一类是形态样式固定、特征明显、容易识别的菜式，包括米饭、饺子、玉米等；第二类是颜色、形态上会呈现不同的变化，但是总体形式变化不大的菜品，包括炒青菜、炒猪肝等；第三类则是很容易与其他菜品产生部分或者全部混淆的菜品，包括豆腐、鱼块等。

3. 技术应用的局限与问题

从上述菜品的分类中可以看出，菜品识别的最终准确率会随着菜品的具体变化而产生波动。在正式采集真实的菜品图片样本之前，利用已有的西餐菜品图片样本，基于不同的机器学习方法进行一遍测试，结果同样反映了不同菜品之间识别准确率的显著差异（见图7.15）。例如，在检测单个冰激凌的时候，其准确率非常稳定地高于90%，但是将其与冰冻酸奶的图片混合在一起后，能够将两者区分开来的识别准确率就急剧下降到了约60%。这种差异会随着需要检测的菜品的数量的增加而变大，例如，某一个颜色为绿白的汤类菜品的可能检测结果包含了青菜豆腐汤、青菜山药、芹菜豆腐，甚至是酸菜鱼等。

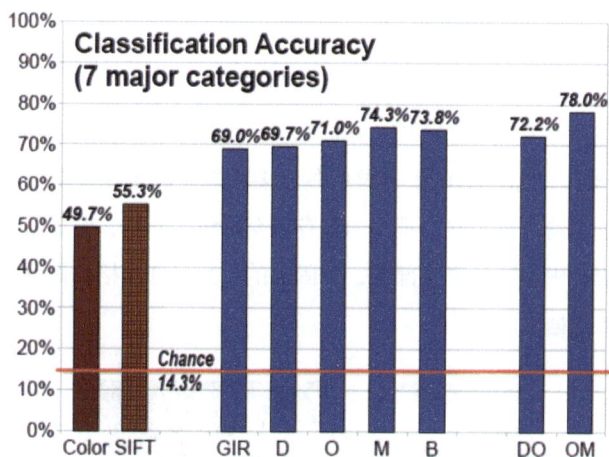

	名称	案例	正确识别	正确率	错误图片
1	炒蛋	8	8	100.00%	—
2	红枣鸡肉	14	14	100.00%	—
3	鸡块	11	7	63.64%	9、14、12
4	鸡排	18	17	94.44%	12
5	煎蛋	69	69	100.00%	—
6	里肯	13	13	100.00%	—
7	卤蛋	17	17	100.00%	—
8	米饭	72	70	97.22%	5
9	牛柳	28	25	89.29%	10、12
10	排骨	15	12	80.00%	2、9
11	青菜	64	59	92.19%	15、13
12	肉燥	17	16	94.12%	—
13	西兰花	37	32	86.49%	11
14	鸭腿	24	23	95.83%	9
15	油麦菜	64	63	98.44%	11
16	鱼	18	14	77.78%	14、6、10
17	莴笋	16	16	100.00%	—
		505	475	94.06%	

图7.15 7类人工分类菜品的不同机器学习方法识别效果（上），利用卷积神经网络训练之后的菜品检测准确率结果（下）

因此，将计算机图像处理与识别技术应用于食堂菜品的识别，其所面临的技术应用的主要障碍有两个。

第一个主要是针对前期的食堂菜品的图片样本的采集。这里所谓的图片样本的采集并非是简单的拍照，因为当样本图片中包含了多个不相关的对象的时候，例如一张蘑菇炒肉的菜品图片包含了蓝色的托盘及托盘上其他的香菇鸡块等菜品内容，通过机器学习得到的菜品的特征分类准确性将会受到影响，在实际应用的时候这会反映为将一个菜品的可能性错误地夸大或者减少。例如上面的例子中，当蘑菇炒肉的样本图片中持续地含有其他不同的菜品内容，其结果一是会影响蘑菇炒肉菜品特征提取的精度，二是会将有含有香菇的菜品更加容易地识别为蘑菇炒肉。针对图片样本采集的问题，有两个解决途径。

（1）第一是通过图像分割自动地将餐盘上的菜品分割出来，从而减少不必要的菜品内容。

（2）第二是通过高清视频设备连续地拍摄在不同角度、位置、场景下的菜品，然后通过逐帧读取视频画面，利用途径一的方法获得不同的菜品图片样本。

在本案例中，利用英特尔的GALELIO（伽利略）开发板结合一个高清摄像模块和显示模块，构建了一个菜品样本采样机（见图7.16）。采样机的主要功能为固定在食堂结账处的桌面上，以合适的角度拍摄移动菜品的高清视频，并将视频内容存储至系统。同时，对捕获的视频画面逐帧地进行实时图像分割，提取出其中单独的菜品部分，以固定的图片尺寸和格式保存至样本库，作为后续机器学习训练过程的输入数据。

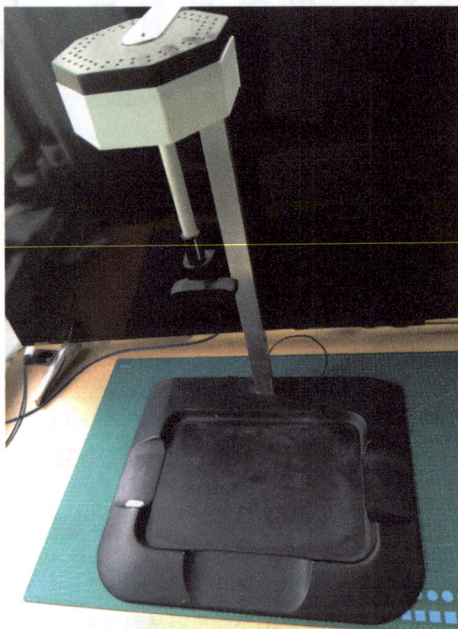

图7.16　菜品图片样本采样机原型

第二个面临的主要问题是机器学习方法的选择。目前主流的机器学习方法包括决策树法、KNN方法、SVM方法、VSM方法、BAYES方法、神经网络方法等。对菜品的识别来说，选择合适的机器学习方法关乎菜品检测的效率和准确率。解决这部分问题的方法主要依靠对比测试，即利用不同的方法对固定的测试样本进行检测，横向对比检测的效率和准确度，从而得出最优选项，例如图7.15中所进行的比较。

基于上述计算机图像处理与识别的主要技术规格和特点分析，结合在食堂就餐过程中对结账环节的系统设备的功能要求，开展了功能角度的设计创意。

（1）实地观察用户在食堂结账过程中所涉及的相关动作过程，并将其概括为以下几个关键点（见图7.17）。

① 用户在排队等待结账的过程中，通过观察前面用户的操作流程了解整个菜品识别和结账的流程。

② 用户在进入菜品识别和结账的流程中时，能清晰地知道如何放置托盘和菜品、如何核对菜品识别结果、如何刷卡结账等。

③ 用户在结账完毕后，后面的用户如何快速地继续菜品识别流程。

图7.17 食堂就餐菜品识别和结算的过程观察

（2）通过卡片分类和头脑风暴方法[3]，对菜品识别技术所能提供的相关功能和服务展开发散，主要寻找如何将菜品识别整合至目前的结账流程中的切入点。

由于菜品识别在使用场景等条件上相对明确，而且该技术所能提供的功能也相对单一，因此，对于最后形成的菜品识别系统的功能可以概括为如图7.18所示的形式。

---

3 头脑风暴方法和卡片分类方法的具体使用流程，请参考《通用设计方法》第22页。

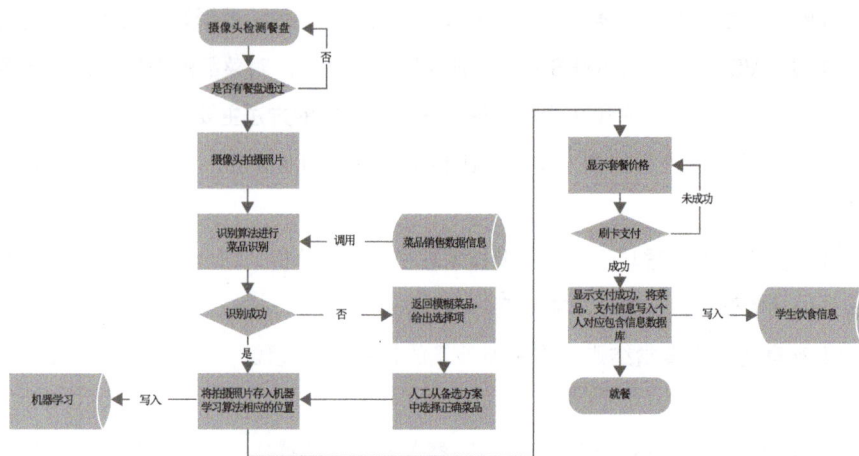

图7.18 菜品识别系统的完整功能规划

7.3.2 形态创意

基于上述功能分析的结果，开展具体的系统形态创意。

系统的形态创意主要满足两个方面的需求。

（1）一方面是满足对于前面经过观察、头脑风暴、卡片分类等方法得到的结账流程的各项要求。

（2）另一方面是针对前面提及的菜品识别技术与就餐结账流程的结合点的尝试。

两者结合，对用户在使用菜品识别系统的具体流程、交互方法进行合理的推敲完善。

由于前面已经明确了菜品识别系统所处的应用情境、系统功能、使用形态等，因此，在进行形态创意时，也是紧紧地围绕这三个主题展开形态推敲，具体的形态创意构思及其演变过程见下面的草图（见图7.19）。

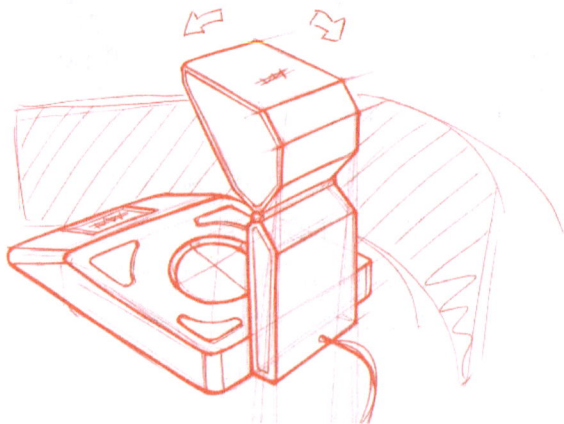

图7.19 菜品识别系统形态创意的草图过程

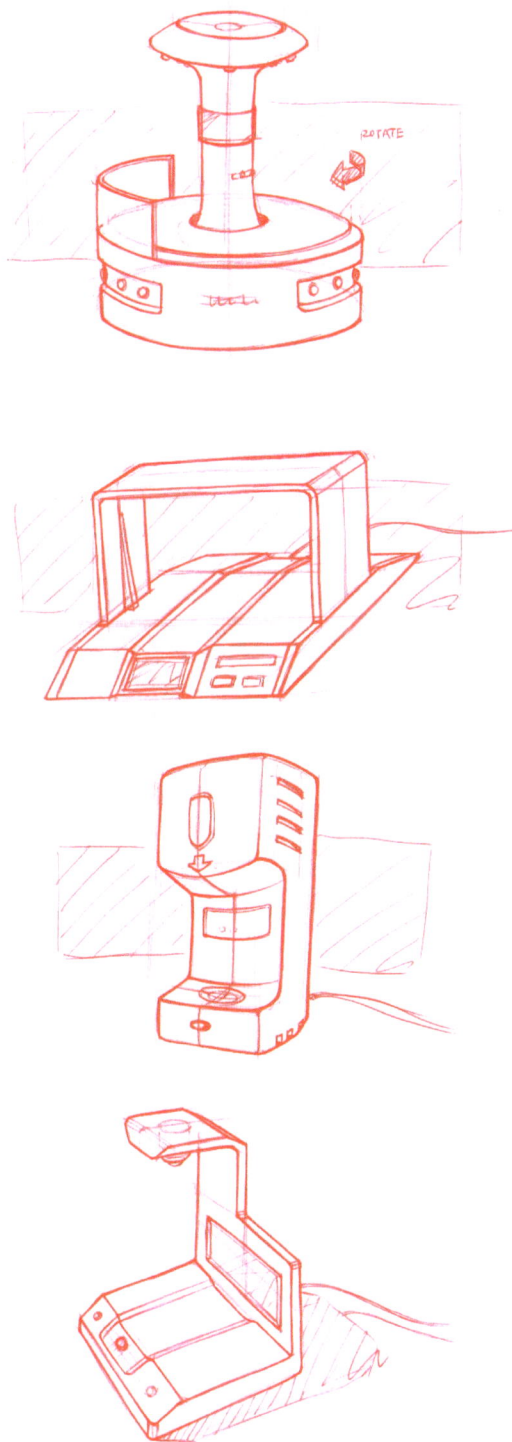

图7.19 菜品识别系统形态创意的草图过程（续一）

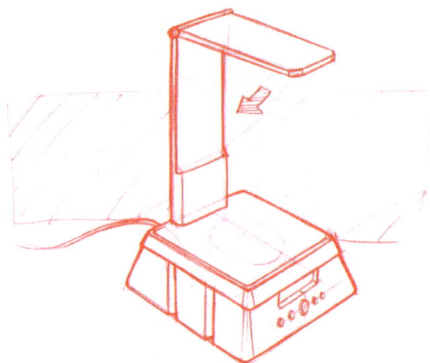

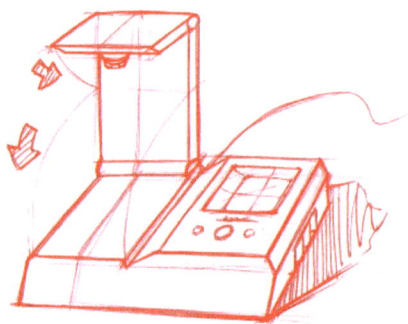

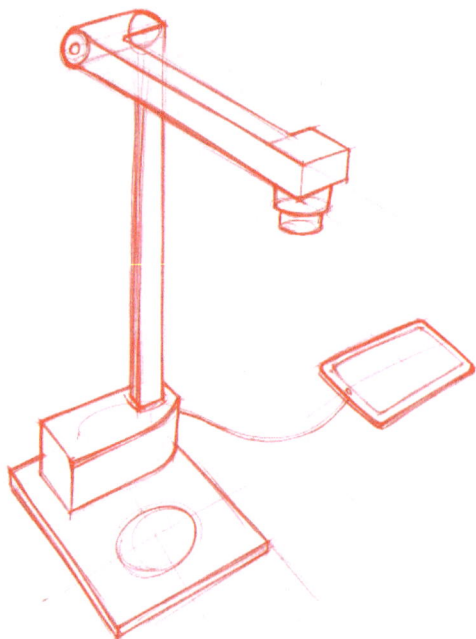

图7.19 菜品识别系统形态创意的草图过程（续二）

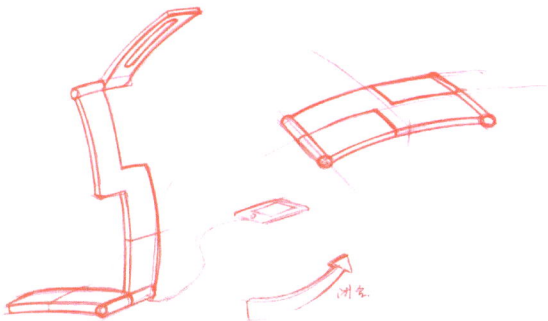

图7.19 菜品识别系统形态创意的草图过程（续三）

7.3.3　使用情景与方法创意

前面已经针对菜品识别系统的功能创意、形态创意展开了分析和推敲。在此基础上，仍需要进一步对这些创意进行总体回顾和评价，在其中选择最具客观价值和实际意义的设计方向，从而为设计创意的具体使用情景、交互方法的创意提供明确的方向。毕竟，从最初的设计创意的萌芽，到后续的功能形态的构思，这一系列活动的最终目的是发明产品而非仅仅提出一个概念。

从前面的功能和形态的创意中筛选有价值和意义的部分，并针对选中的创意构建具体的使用情景和交互方法，需要用到一些价值分析方法，包括在前文设计创意的重要性判断章节中提及的价值机会分析等。

通过对功能和形态的价值分析、领域模型构建、三角比较，可以得到相对较为重要的创意。例如，在上面的功能分析中已经得出了对于食堂就餐的结账情景对菜品识别系统功能的偏好，而草图表达则进一步对使用环境下的交互方式进行了表达分析。

将上述分析结果总结起来，可以得到设计创意的产品雏形。

7.4　案例的实现

基于前面的技术发展、功能创意及形态创意，并结合具体使用场景下的交互方法和使用情境的要求等，可以进一步对菜品识别系统在繁忙食堂就餐流程中的结账环节的应用展开具体的实现。

1. 系统的技术实现

为了实现高效率、高鲁棒性、对菜品的变化具有良好兼容性的菜品识别技术，在经过前文提及的多种机器学习方法对特定菜品的识别效果的对比研究之后，最终选择了卷积神经网络作为主要的深度学习结构。

卷积神经网络（convolutional neuron networks，CNN）由一个或者多个卷积层和顶端的全连同层（对应经典的神经网络）构成，也包括关联权重等。卷积神经网络能够接受输入数据的二维结构，这与图片样本所代表的像素阵列的维数结构相匹配。主流的研究观点认为，包括在本案例中展开的针对菜品图片识别的各种深度学习方法的比较测试，卷积神经网络通常在图像和语音识别方面有更优的表现。而且，该方法所需要的参数数量较少，对于快速变化的菜品种类能更快捷地进行调整，因此，其是一种颇具吸引力的深度学习方法。

需要注意的是，卷积神经网络等深度学习方法的使用并非在菜品识别的过程中实时进行的。也就是说，机器学习的过程是在用户就餐结账、进行菜品识别之前完成的，机器学习的结果作为重要的参数支持了系统对菜品的识别能力。在此之前的菜品图片样本采集及输入卷积神经网络进行数据训练的过程，是主要的机器学习过程，而后面的菜品检测则是应用过程。

这里补充说明一下菜品图片采样系统的实现技术与流程。针对采集到的菜品视频，需要从视频文件中逐帧读取图片，然后利用OPENCV视觉库的图形识别功能将盘子等规则几何形态识别出来，提取出其中的菜品部分的图片内容，并存储为特定格式的图片。上述这些步骤会利用菜品图片采样系统原型完成——在食堂就餐的高峰时间（一般为1～2个小时），采集所有通过结账台的菜品图片样本，然后进行人工标注——菜品图片样本利用众包的方法进行菜品的标注（见图7.20）。标注内容主要为菜品的详细名称，与之匹配的菜品价格存储在数据库的二维关系表中，以备查询。

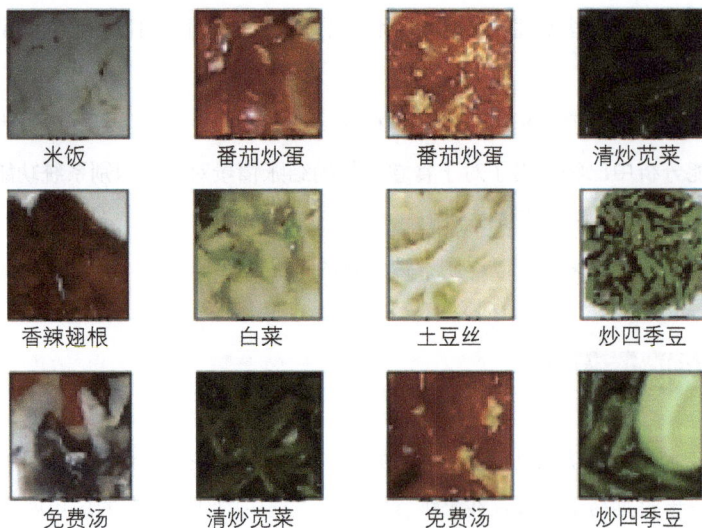

米饭	番茄炒蛋	番茄炒蛋	清炒苋菜
香辣翅根	白菜	土豆丝	炒四季豆
免费汤	清炒苋菜	免费汤	炒四季豆

图7.20 对采集的菜品图片样本进行人工标注

2. 系统的外观原型构建

基于上述技术实现路线，可以进一步开展针对产品外观的设计。由于上一节已经对系统的具体功能、外观形态进行了较为完整的设计创意和分析、评估，并最终确定菜品识别系统在食堂就餐结账环节中的结合形式和交互方法。因此，可以想象，在基本的产品形态表现方面，能够在保证菜品识别系统功能和交互的总体用户体验的前提下，充分选择最优的系统外观形态的表现（见图7.21）。

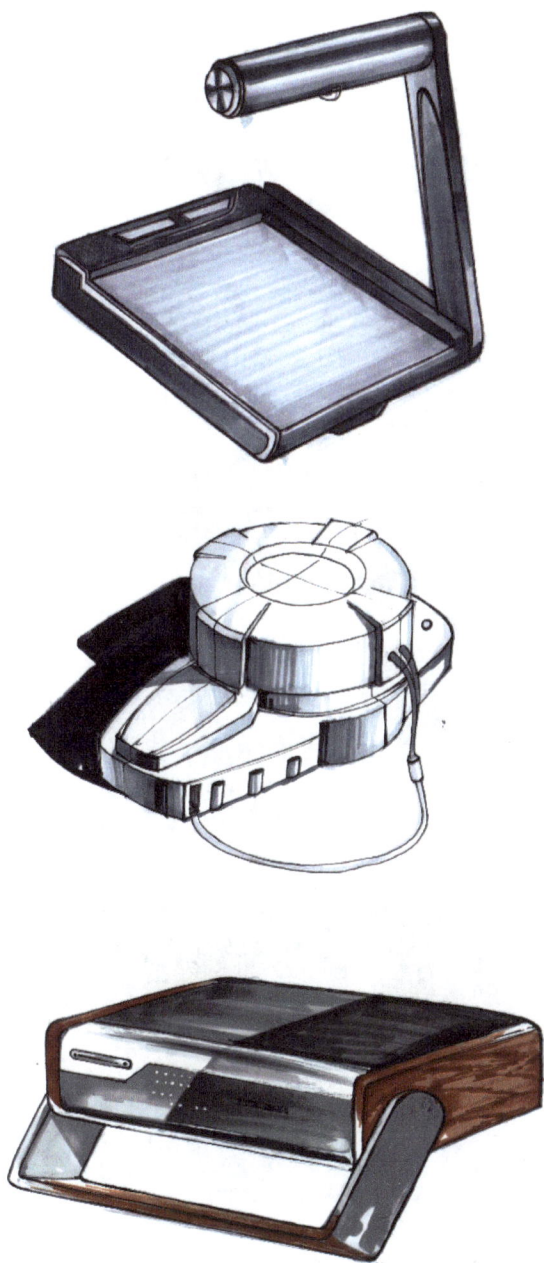

图7.21 菜品识别系统的外观设计形态

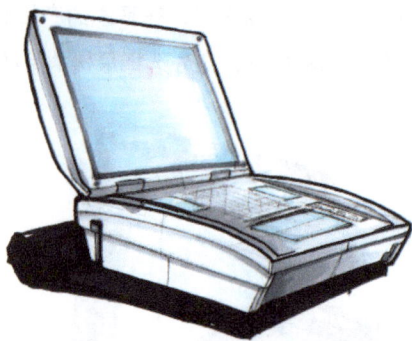

图7.21 菜品识别系统的外观设计形态（续）

3．系统的软件开发实现

前面部分展示了在满足食堂就餐过程中菜品识别系统的主要形态和对应的功能。本部分在其基础之上，进一步对软件部分功能模块的设计与实现进行介绍。从前文的菜品识别系统流程图来看，可以发现系统的软件分为两个主要部分。

（1）一是菜品图片的采集模块，即通过摄像头捕获托盘中的菜品图片。该部分的软件实现中需要特别考虑的是对连续运动的菜品进行稳定、准确的采集。

（2）另一个是对采集到的整体图片中的不同菜品进行分割和单独识别，并根据数据库中的对应价格进行总价的计算和显示。

此外，功能创意中构思的系统软件功能还包括在识别菜品的同时识别结账的就餐卡，并将其与每次消费的菜品的营养价值进行关联分析，从而形成一个庞大的集菜品消费、就餐习惯、营养分析于一体的系统。

4．系统的演示与效果评估

在完成软件功能部分的开发之后，需要对原型硬件在实际的应用环境下进行整体功能的测试和评估。针对菜品图片样本自动采样模块的测试主要使用了模拟场景测试。在连续24小时的持续菜品图片采样环境下，测试了摄像头、数据存储等部分的稳定性和准确性，同时也对长时间工作产生的高温情况下的外观设计的可靠性进行了检验。针对菜品识别部分的功能，主要采用了实地检测的方法，将菜品识别系统原型置于实际的食堂就餐环境中，记录系统识别得到的结果与人工计算的结果，并将两者进行对比，从而检测其准确率。

问题与思考：

（1）如今，计算机图像技术飞速发展，试列举10个该技术可能应用的领域。

（2）试从计算机图像技术的发展过程中，分析技术的产生、发展、应用的不同阶段对于设计创意的不同影响。

（3）如何理解基于前沿的计算机图像技术接下来的发展趋势？

（4）试分析前沿的计算机图像技术在不同使用情境中的优势和局限。

（5）针对计算机图像这类技术而言，能够适用设计创意和技术应用的方法和流程还有哪些？

第8章 技术创意案例——物联网技术与智能签到机

物联网技术指的并不是一种全新的独立的技术。相反，它所指的是一系列与传感器、互联网、数据通信等技术及其延伸和扩展形成的物品与物品、用户与物品之间的信息通信和交互。具体而言，它主要指通过射频识别、红外感应、全球定位等信息传感设备，按照约定的通信协议，将任何具备传感器的物品与互联网相连接，从而进行信息交换和通信，并通过信息的集成和处理实现智能化的物品识别、定位、追踪、交互管理等。

随着移动互联网技术及开源智能硬件等的高速发展，物联网技术已经越来越多地进入人们的学习和生活，例如智能家居等。本章基于物联网技术在考勤、安全等方面的应用，展开和介绍了一个基于云计算的智能签到机的设计和实现案例。

8.1 案例背景介绍

物联网指的是将无处不在的设备和设施，通过智能传感器及各种形式的网络形成的统一和个性化的环境。这种"富信息"环境大大拓展了传统方式中的信息系统需要依赖桌面电脑及其他网络通信设备（例如手机、平板等）的局限。因此，在应用领域上，物联网也对传统信息的收集和使用的方式带来了重要的变革。

例如，传统的电网结合了传感器等物联网技术部件之后，便可以实现远程读取电表读数、统计电能消耗、智能家庭能耗优化控制等（见图8.1）。

图8.1 物联网技术在电网能源领域的应用

在交通和物流领域，结合了物联网技术的交通监测系统和调度系统，能够支持不同种类的交通工具与控制中心之间信息的持续交换，从而提供最新的交通和安全信息，为用户选择最有效最快的交通线路提供参考（见图8.2）。同时，它也能对发生的交通事故等紧急状态下的交通管理的响应提供充分的信息指南。

图8.2 物联网技术在交通物流领域的应用

另外，在与人们生活有着密切关系的医疗领域，物联网技术也展现了诱人的前景。各种带有生理信号监测功能的传感器被设计并嵌入人们的日常用品，例如手表、眼镜、鞋子等。这些设备依托移动互联网技术，进一步拓展了远程及智能医疗的技术和方式。例如，通过可穿戴式手表，不仅可以让医生远程了解用户实时的心跳、血压、血糖水平等，还可以进一步分析在一天或者一段固定时间内用户的整体生理变化情况，从而为准确寻找病症的原因提供翔实的信息参考。此外，物联网技术延伸至医院，可以进一步完善医护人员对于病人的个性化护理，在准确用药的前提下，提高医务人员和医生的医疗效率，从而更有效地改善病人的身体状况（见图8.3）。

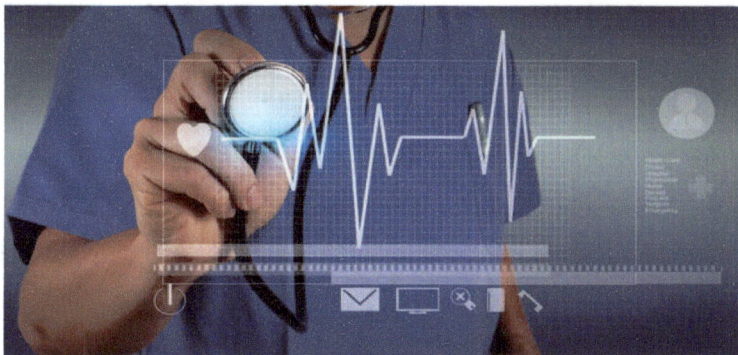

图8.3 物联网技术在医疗健康领域的应用

物联网技术给广泛的行业应用领域带来了更新换代的变革和期望，但是作为一把"双刃剑"，它也给技术和社会发展带来了新的难题，例如隐私、安全、新的交互规范等。物联网在带来上述种种便利的同时，也隐藏着这些敏感的问题。例如，物联网技术允许用户通过远程授权来开启家里的大门，但如果授权被恶意窃取和滥用，将使房子直接暴露在不法分子眼前。甚至在脑洞大开的科幻电视剧中，已经出现了这样貌似夸张但却可能的情节：黑客可以通过特定的无线连接方式侵入用户的心脏起搏器，并恶意地操控这种直接关乎生命的设备的运行，从而威胁或者控制他人的行为（见图8.4）。

图8.4 心脏起搏器等敏感设备的潜在安全问题

尽管在社会进步的大背景下，技术的发展总是偏向有利的一方发展，但是，批判并且审慎合理地思考新的技术在带来便利的同时所附带的负面影响，也是将物联网技术应用于广泛行业领域的一种积极态度。

上述提及的各种物联网技术的应用案例无一例外地强调了信息互联互通的重要性。换言之，没有互联网和移动通信及各种网络连接，物联网的种种传感器和信息处理系统将无法发挥任何"物联"的优势。而最近兴起的新概念"云计算"，则是针对这种严重的网络依赖状态的一种典型技术反应。

传统的互联网需要实体的服务器等资源作为依托来提供网络服务，但是随着各种信息业务对于需要处理的数据量、处理该数据量所需要的计算资源的急剧增加，加之处理不同业务模式所需要的计算资源的多样性的增长，对能够灵活处理上述网络和计算资源的分配、调度、管理等过程产生了迫切的需求。

虽然目前仍然缺乏非常统一的"云计算"的概念阐述，但是从现有的全球范围内提供云计算服务的几大服务商（例如亚马逊、阿里、谷歌等）来看，云计算为物联网的网络互通提供了一种抽象的、基于虚拟化资源管理的便利方式，使得不同规格的物联网设备、不同大小规模的信息都可以灵活地连接至网络，并通过其提供服务。

Amazon的弹性云服务是其中起步较早的，它的出现为众多需求变化频繁、多样的物联网服务提供了平台（见图8.5）。

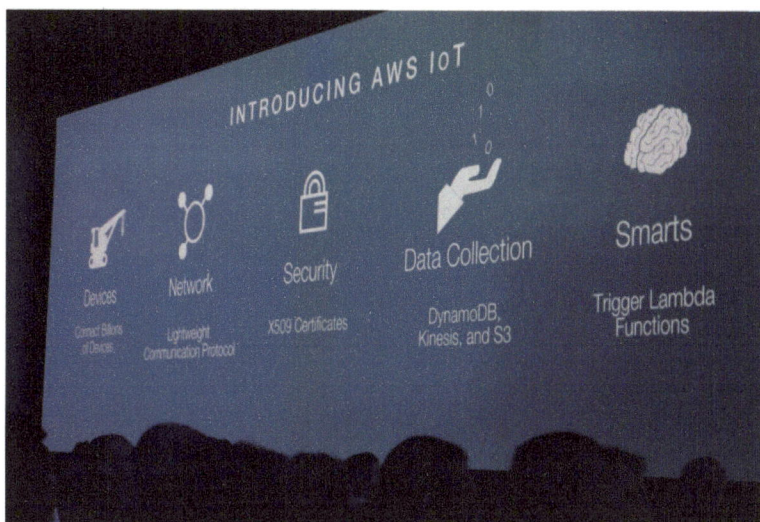

图8.5　Amazon的物联网服务平台

　　基于上述传感器技术和网络平台的快速进步，将物联网技术进一步应用于具体领域的需求也在持续增长，并引起了持续的创新热潮。

　　【例1】例如，NEST公司开发了智能温控系统（见图8.6）。通过监测用户的日常暖气使用状态及常用的定时设置等，采用特定的机器学习方法，能够自主地为用户量身定制智能暖气控制方案。甚至，在此基础之上，该公司还进一步开发了烟雾、二氧化碳传感器等智能设备（见图8.7），并为用户制定个性化的智能居家控制方案。

图8.6　NEST公司的智能温控系统

图8.7 NEST公司的智能烟雾传感器

　　其余可供举例的基于物联网技术的智能产品数不胜数，例如智能手环、眼镜、头盔、电动自行车、杯子等等，几乎包罗了生活的方方面面。这些产品一方面依托传统的产品形态，另一方面也结合了新的物联网技术，具有了新的功能和使用方式。

8.2 案例技术发展

　　上一节介绍了目前物联网及云计算技术背景下的前沿应用及新的技术与传统的产品形态结合之后给人们日常生活和工作带来的便利和挑战。本节在正式展开物联网技术的设计创意与技术开发的具体案例之前，先对相关技术的发展背景做一个简要的介绍，从而为后面案例中的一些术语的使用以及具体涉及的技术开发说明等有更好的理解。

　　在今天"大众创业，万众创新"的时代背景下，物联网技术是一个绕不过去的关键热门词汇。甚至于无论一个创新的产品是什么、它是如何应用于人们的日常生活中，只要一旦与"智能"和"物联"这些概念脱离了关系，就显得产品无关紧要、低人一等。这里且不论追捧这样热潮的各种是非曲直及各种产品设计在功能和质量上的优劣，仅仅从这种技术的趋势来看，就足以证明物联网技术在未来的各种潜力。

　　物联网技术的这种爆炸式发展并不仅仅依赖于对传统已有产品的修补和升级。相反地，如今天大多数人都已经理解并且部分体验到的那样，物联网技术带来的是生活方式的重大变化。例如，扫地这件事可以不再劳烦自己亲自动手，可以通过操作手机发送指令，或者干脆连什么时候需要扫地也放手让扫地机器人自主决定（见图8.8）。

图8.8 与智能手机互联的智能扫地机器人

回顾物联网的发展历程，可以追溯到1999年物联网概念的正式提出。美国麻省理工学院的AUTO-ID中心的Ashton教授在研究RFID（射频标签）的时候首先定义了这个概念——internet of things，即"连接万物的互联网"。在当初提出这个概念的时候，一起搭售的还有一个非常吸引人的应用场景——在家里丢三落四地找不到钥匙，没关系，拿起手机就能知道它在哪个沙发角落里（见图8.9）。

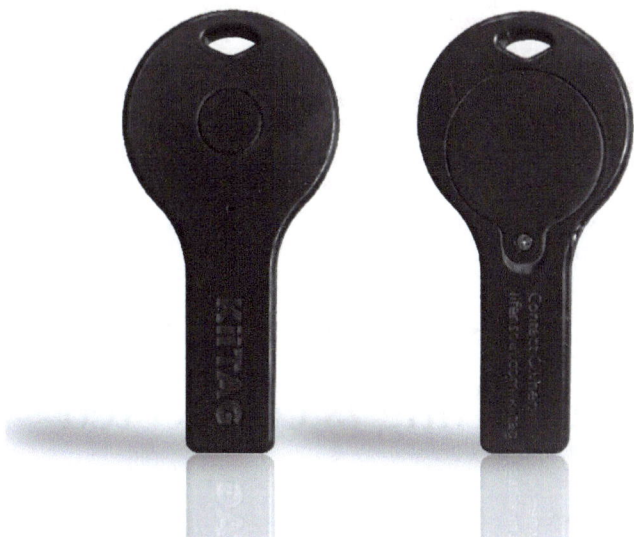

图8.9 物联网技术应用之智能钥匙

显然，从上述的应用场景中来看，物联网技术从一开始提出便具有了一个非常典型的特征——传感器。但是，当时的物联网技术在另一个典型特征——网络互联上，仍然表现得较为局限。例如，它的互联方式是被动的——需要通过特定的设备发射信号去主动寻找目标对象，并以目标对象返回信号为通信结束的标志。此外，这种通信方式也仅仅基于相对简单的沟通层次。换言之，它基于非常具体的通信对象和对象间信号交换的通信方式，无法拓展至与其他不同类别的对象的通信。

尽管早期的物联网技术仅仅具有非常针对性的、有限的"物联"能力，但是，其表现出来的巨大产业应用前景、连接并拓展这种传感和互联的特性之后可能给不同领域带来的巨大影响，极大地促进了物联网技术的发展。在这种趋势的推动下，目前各种基于不同通信协议的传感器已经开始应用于兼容广泛物联网技术的产品系统中。各种通信协议也逐渐发展，并形成了统一的通信协议——这为国际电信联盟（ITU）在2005年正式定义"物联网"的概念提供了技术基础。此时的物联网，其对象和范围与早期的版本相比发生了明显变化，覆盖的范围也有了很大的延展，并不再仅仅局限于RFID技术，蓝牙、红外、Wi-Fi、短距自组网等技术开始联接起来，并使得主要设备均具备了网络通信能力。

针对不同行业领域中对物联网通信技术的选择与应用及基于不同网络技术所形成的不同物联网系统，人们对其提出了具体的表述。例如，IBM的研究人员将物联网技术的全球化应用称为"智慧地球"。而在不同的应用领域也出现了不同的概念，例如M2M(机器对机器)、Smart Grid（智能电网）、Telematics（远程信息处理）、Telehealth（远程健康医疗）等。但是，无论从技术还是设计创意、需求开发等角度进行分类，这些技术都带有明显的物联网的两个特征，即传感与互联（见图8.10）。

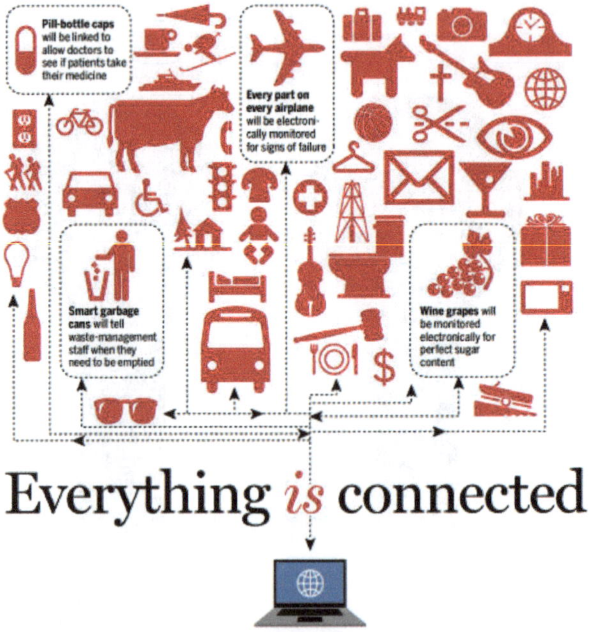

图8.10　物联网的传感与互联

物联网技术的传感能力主要由各式各样的传感器完成。由于物联网本身就是一个囊括了无数通过传感器、RFID标签、无线网络和宽带等互相连接起来的复杂网络，传感器在其中扮演了特殊的角色。无论是研究物联网相关技术（例如数据库、移动通信等）的科学家，还是专注于信息产品设计的开发者，都把传感器视为物联网世界中最基础的组成部分。通过传感器，计算机系统可以得知环境中各个对象的状态及变化趋势。传感器是将物理世界的各种实体对象逐层抽象为虚拟信息单元的基础。

与日常使用的桌面电脑屏幕上看到的图标、文字、多媒体等信息对象不同，传感器除了能对现实中的实体对象提供抽象描述外，还能记录多种信号类型，例如磁场、光照、声音等信号。通过汇总这些不同来源的数据，可以形成多维数据。

换言之，基于用户的不同需求，传感器可以对这些数据进行针对性的提取和分析，从而为相关人员提供丰富的信息支持。

【例2】例如，嵌入在公路桥上的传感器可以准确地收集通过车辆的数量、速度、类型等数据，并以此为基础，通过数据挖掘等，进一步分析得出每天什么时候车辆通过的数量最多、速度最快。甚至可以进一步结合车辆信息，例如车辆注册地，分析来自哪个地域的车辆最有可能发生超速等违章行为（见图8.11）。

图8.11 结合传感器的智能道路与车辆监测

需要提及的是，传感与互联的特征使得物联网技术能够连接比以往任何时候都更多的设备，形成丰富的信息流，并且显而易见地促进移动设备、智能系统和普适计算环境的发展。但是，贯穿物联网技术发展始终的还包括对于用户隐私和安全问题的妥善处理技术和方法。例如，用户需要在无处不在、无时不在的物联网环境中频繁使用身份信息，进行系统登录、信息访问等交互操作（见图8.12）。

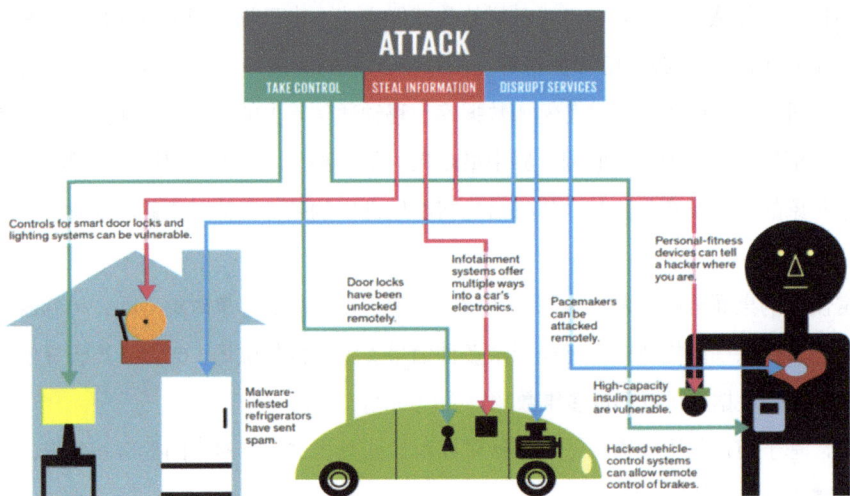

图8.12 物联网系统的潜在安全隐患

在当前蓬勃发展的物联网应用中，可以发现安全与隐私作为系统的附加功能，对系统是有益的。也就是说，关注并采用合理的安全解决方案有助于提高物联网系统的整体价值和用户信任感。

但是，从长远的角度来看，如果不是一开始就把隐私和安全等敏感问题置于基础框架基础上考虑，则在将来就可能遭遇一场对于物联网系统的普遍信任危机。虽然这些关乎隐私与安全的基础框架会随着技术的进步逐渐演进，但是，从现有系统安全的角度来看，目前的物联网发展仍然需要考虑的安全需求包括攻击免疫、数据授权、访问控制、隐私最小化等。

8.3 案例创意设计

前文中介绍了物联网技术在目前不同行业领域中的典型应用及物联网技术自身的特征和技术发展历程。本节主要介绍基于物联网技术——云计算、指纹识别等技术——智能签到机的功能创意、形态创意、使用情境和交互方法创意三个方面的内容，从而展现一个完整的设计创意与技术融合开发案例。

8.3.1 功能创意

考勤是人们在日常工作中经常遇到的情景之一，主要指的是通过特定的考查方式获得个人在一定场所和时间段内的出勤情况，例如上班、加班等。原始的考勤方式是利用纸笔签名记录个人的出勤。但是人数一多，这种方式操作起来就会遇到很大的效率和准确性的问题。生物信息技术给传统考勤方式带来了新的变革。

通过利用指纹、巩膜或者磁卡等方式，可以对考勤过程进行自动化处理，这大大降低了考勤过程中出错的概率。但是，这种方式在实际操作中仍然存在一些问题。例如，在月底统计时，仍然需要花费很大工夫进行考勤数据的导出、分析和处理。而且，对于工作时间段的任一时间点，管理者也无法准确地了解某个特定的人是否在岗。办公自动化浪潮为上述问题提供了解决方案，即通过数据处理软件，可以方便地对考勤的数据进行汇总和统计分析，但是对于后者则一直没能完整地解决。

　　本案例中介绍的"智能签到机"正是基于这种背景，在物联网技术的基础上，对考勤智能化进行的一种尝试。智能签到机主要利用生物特征识别技术（指纹加脸部识别），结合数据存储和云端数据传输和分析处理，根据预设的流程，自动地对获得的考勤资料进行数据处理。它的主要功能部件包含生物特征识别模块、数据传输模块、在云端的数据处理和接口模块（见图8.13）。

图8.13　基于云计算的智能考勤机功能模块

　　针对上述主要的功能模块，进一步展开具体功能实现的分析。分析的主要目的是充分了解相关物联网传感器、网络通信、数据处理等的技术实现原理、技术实现方案、技术方案实现所面临的局限和问题。这些分析主要以幼儿园学生和教师的考勤为具体的应用情境。在介绍具体的技术实现方法的同时，也对与技术开发相关的流程和框架进行必要的说明。

1. 技术原理与方法

　　从前文的物联网技术及其发展背景和应用案例的介绍中，可以看到物联网技术所涵盖的技术范围。它主要包含采集特定数据所需要的传感器技术及处理相关数据所需要的网络和计算技术，从而能够支持签到机的数据收集及云端数据处理。

　　具体到智能签到机的案例中，它的技术原理可以分为三个主要部分。其中第一部分是采集用户（主要是接送幼儿园儿童的家长）的签到信息。这里主要有三种传感器技术可以实现对应的功能，即IC卡、指纹、脸部识别。

　　三种技术相比较，第一种需要引入额外的卡片部件，但是在识别精度和多人使用的便捷性上表现较好；第二种不需要额外的设备，但是只能针对特定的录入指纹的用户，对于临时更换用户签到的情况支持不足；第三种与第二种在额外设备方面具有同样优势，但是也与第二种一样面临应用用户过于受约束的局限，而且脸部识别技术也涉及隐私等方面的问题。综合考虑设备的便利性、接送家长的识别性及使用过程中的安全性，选择了智能手机终端结合二维码的技术方案。

　　这种方案与前面的几种方案相比较，在两个方面占有较明显的优势。

（1）一个优势是智能移动设备的普及。无论是稍微年长的老人，还是普通的年轻人，拥有一台智能手机在今天已经是非常普遍的事。因此，这种普遍性为签到系统的应用范围提供了广泛的基础。

（2）另一个优势是系统设备的便利性。也就是说，基于二维码图形的身份验证方式可以充分利用前面智能手机的拍照和图像处理等功能。而且，二维码图形的动态生成和验证流程能够在保证使用便捷性的基础上提供足够的安全性——二维码可以根据每个已验证用户的身份信息动态生成图形，并允许在特定的设备之间分享图形，为不同用户提供足够的灵活性。

2. 支持的签到方式和功能

上面的智能签到机的基础逻辑框架展示了二维码技术在结合智能手机设备之后的功能用途。这里基于一个具体的用户场景，展开介绍智能签到机支持的签到方式和对应的功能。

每个注册的家长用户都需要通过幼儿园的认证，并且通过绑定移动手机号码、儿童姓名等获得一个唯一编码的二维码。二维码可以通过流行的微信等扫码工具获得和保存，并每隔一段时间会自动更新。用户A早晨在送孩子去幼儿园的时候，需要将手机上显示的二维码在入口的地方进行扫描。系统在识别到用户A的身份之后，会自动记录为时一分钟的视频时间码。在下午放学需要接孩子的时候，用户A需要再次扫描手机上的二维码。在身份确认之后，系统会自动记录一分钟的监控视频时间码。如果用户A临时需要用户B来接孩子，则可以通过系统填写用户B的信息，获得一个临时的二维码并分享给用户B。用户B在进行验证的时候，沿用与用户A一样的验证流程。

在上面描述的情景中，涉及的智能签到机的具体功能如下。

（1）根据用户的信息，生成唯一的二维码。

（2）支持利用临时用户信息，生成临时的二维码。

（3）扫描并验证用户手机上的二维码。

（4）基于监控视频，提取对应的时间码。

（5）上传身份验证结果，在云端进行数据分析，并发布送入、接走的数据通知。

上面的主要功能模块之间的关系如图8.14所示。

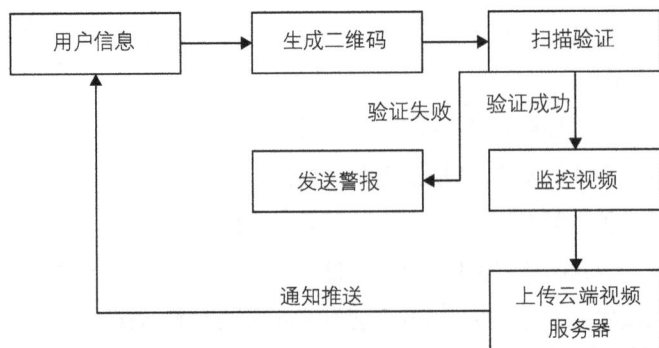

图8.14 智能签到机的主要功能模块及其相互关系

3. 技术应用的局限与问题

从上述智能签到机的主要功能模块及其相互关系来看，结合物联网技术对实现环境的要求，可以发现智能签到机的主要局限之一在于网络。智能签到机的所有系统部件对于互联网络有着非常高的依赖性。换言之，在幼儿园环境下需要有充分的网络覆盖。倘若出现网络通信故障或者网络支持不良的情况，则无法采集和验证送孩子上幼儿园的用户的身份信息，同时也无法及时分析和更新用户的状态，造成数据通知无法及时发送，进而造成用户对孩子是否已经安全送到产生疑虑。

基于上述技术原理、技术支持的功能、技术应用的局限和潜在问题的分析介绍，结合在实际环境中对智能签到机的各项功能需求，从系统功能的角度展开如下设计创意。

首先，通过实地观察用户在早晨送孩子上幼儿园、下午接孩子出幼儿园的完整过程，将其中涉及签到功能需求的部分概括为如下几个关键点（见图8.15）。

图8.15 智能签到机的实际用户场景观察与关键功能分析

（1）用户需要在注册的时候，通过系统的自动计算得到一个唯一的验证二维码。

（2）用户在送孩子去幼儿园的时候，需要扫描二维码进行身份验证。

（3）同时，系统需要通过视频记录用户验证的过程及对应的视频结果。

（4）用户在需要的时候，可以通过变更、添加其他人员的身份信息（例如手机号码、照片、姓名等），生成新的验证二维码，并分享给特定的用户作为签到凭证使用。

（5）用户可以同步得到签到时的身份验证结果的通知及对应的一分钟视频。

其次，通过卡片分类和头脑风暴方法，对上述签到场景中的具体功能展开设计创意的发散思维，寻找如何将智能签到机的相关功能完整地嵌入到幼儿园接送孩子的切入点。基于前面较为具体的使用场景及对应的功能分析，最后构思成型的智能签到机的系统功能如图8.16所示。

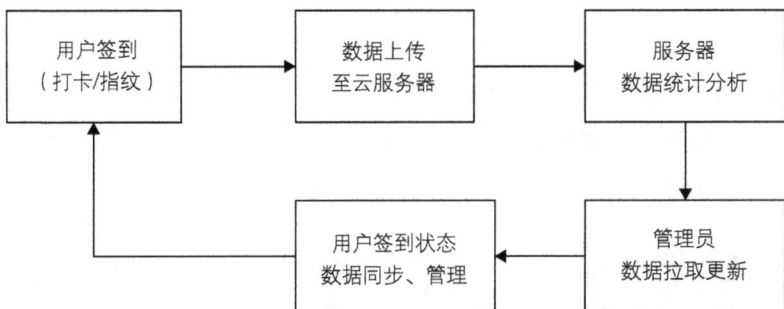

图8.16　智能签到机的系统功能概括说明

至此，通过分析签到机的身份验证、网络通信、数据分析和通知等技术，以及针对这些技术所带来的功能选择和局限，结合实地观察结果，运用卡片分类和头脑风暴等方法展开功能的创意，最后得出了完整的智能签到机系统功能。从中可以看到，功能创意的出发点主要是对要采用的技术的分析，通过详细了解需要涉及的技术及该技术所能提供的功能和限制等，得到一个较为宽泛的、可行的功能范围。在此基础上，进一步收集用户在实际场景中的功能需求，通过分类形成最终的功能创意。

8.3.2　形态创意

基于上述功能分析的结果，开展具体的系统形态设计创意。

首先，将智能签到机的功能划分为硬件和软件两个部分。软件的部分通过流程图展示数据处理过程，硬件的部分通过草图推敲功能基础上的形态。

从前文的功能创意中了解到，系统硬件部分的构成主要是二维码扫描设备。扫描结果作为签到状态，通过网络传输至云端。由于功能形态部分已经明确了智能签到机所处的应用场景、签到涉及的功能、签到的交互过程，因此，在此处进行的形态设计创意的构思及演变，可以通过草图来表现（见图8.17）。

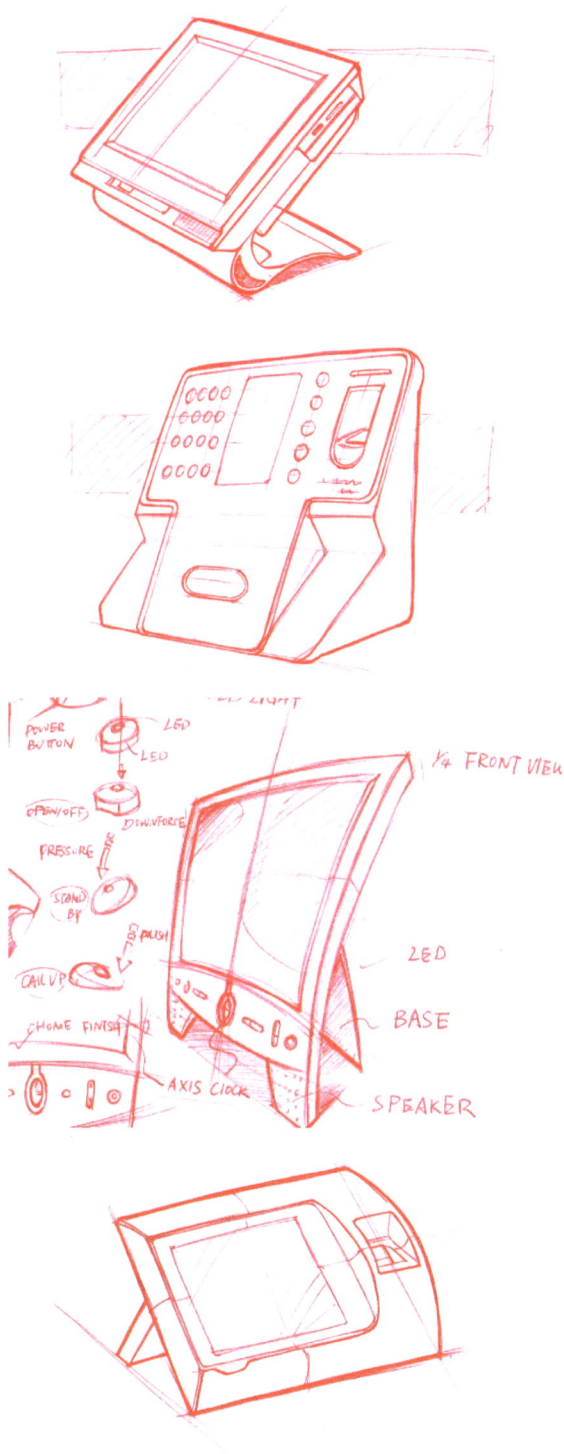

图8.17 智能签到机的形态创意过程

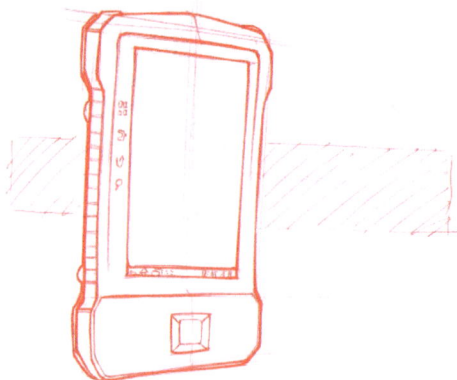

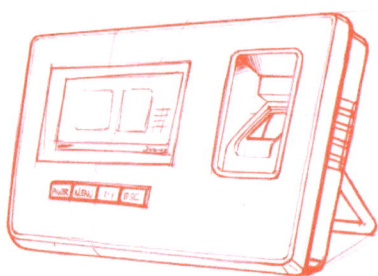

图8.17　智能签到机的形态创意过程（续一）

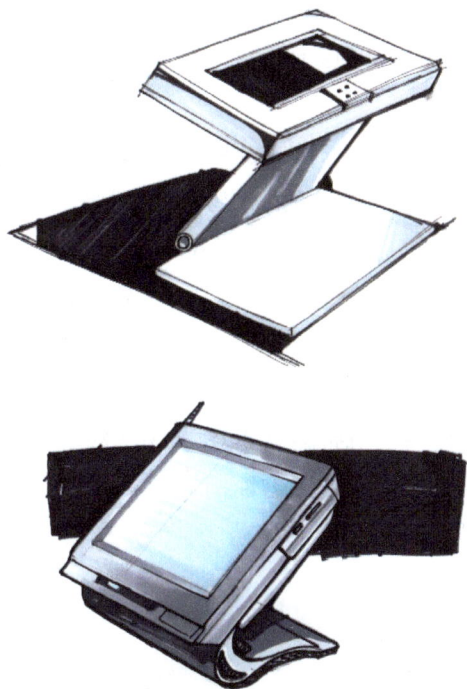

图8.17　智能签到机的形态创意过程（续二）

8.3.3　使用情景与方法创意

前面已经针对智能签到机的功能创意、形态创意展开了分析和推敲。在此基础上仍需要进一步对这些创意进行总体回顾和评价，在其中选择最具客观价值和实际意义的设计方向，从而为设计创意的具体使用情景、交互方法的创意提供明确的方向。毕竟，从最初的设计创意的萌芽到后续的功能形态的构思，这一系列活动的最终目的是设计产品而非仅仅提出一个概念。

从前面的功能和形态的创意中筛选有价值和意义的部分，并针对选中的创意构建具体的使用情景和交互方法，此时需要用到一些价值分析方法，包括在前文设计创意的重要性判断章节中提及的价值机会分析等。

通过对功能和形态的价值分析、领域模型构建、三角比较之后，可以得到相对较为重要的创意。例如，在上面的功能分析中已经得出了幼儿园接送孩子的情景对签到系统功能的偏好，而草图表达则进一步对使用环境下的交互方式进行了表达分析。将上述分析结果总结起来，可以得到设计创意的产品雏形。

8.4　案例的实现

基于前面的物联网技术发展、智能签到机的功能创意、结合软件硬件下的形态创意，同时考虑具体的幼儿园儿童接送场景下的交互方法和使用情境的要求等，可以进一步对智能签到系统在幼儿园接送过程中的实际签到需求展开具体的实现。

1. **系统的技术实现**

为了实现准确、高效的签到功能及及时的数据通知功能，在对比了几种身份验证所用的传感器的优缺点之后，选择了通过扫描智能手机上的二维码进行身份验证的技术路线。另外，选择了阿里云作为云端数据分析和处理的平台。下面介绍系统的技术实现要求和过程。

在实现的原型系统中，二维码扫描部分的实现技术主要基于二代的Raspberry PI（树莓派），运行Raspbian操作系统（见图8.18）。利用树莓派构建原型系统的优势在于其体积较小，完整的LINUX类型的系统环境，还有丰富的GPIO设备接口用以连接和控制不同的传感器等设备。另外，树莓派也提供了良好的网络连接——包括有线以太网接口和无线USB网卡，这为物联网系统的传感器和互联网络两大必需的要求提供了很好的兼容性。

图8.18 树莓派及其运行系统

实现二维码扫描的设备是通过与树莓派相连接的一个高清摄像头实现的（见图8.19）。二维码的扫描需要考虑两个主要的影响因素。

（1）一个是显示在智能手机上的二维码图案随着手的抖动而产生的移动。

（2）一个是在不同远近及位置上展示二维码的图案所带来的过远导致画面过小、过近过偏导致画面缺失问题。

因此，一个具有自动对焦、高清分辨率、广角镜头的摄像模块可以很好地解决上述问题。摄像头模块持续对画面进行检测，如有符合要求的二维码图案，则进入签到流程。如检测到同一个二维码图案，则在5分钟内不再启动签到流程。

图8.19 用于二维码识别的高清摄像头

通过身份验证的签到数据被发送至云端。云端主要包含一台高性能的ALIYUN平台的ECS云服务器（见图8.20）。云端主要包括的是一台开放特定端口的数据服务器。服务器首先验证来自签到机终端的数据是否包含必要的权限信息，如果没有则直接丢弃数据。如果校验通过，则将签到信息（包含签到用户姓名、手机号、签到日期和时间、签到过程的监控视频时间码等）存储至数据库。同时，将数据通知任务加入到消息队列，逐一根据手机号码发送确认信息及对应的包含完整签到过程的视频链接（监控视频由独立的网络监控系统采集并存储至云端）。

云服务器（Elastic Compute Service，简称 ECS）是一种简单高效、处理能力可弹性伸缩的计算服务，帮助您快速构建更稳定、安全的应用，提升运维效率，降低 IT 成本，使您更专注于核心业务创新。

图8.20 ALIYUN云服务器平台

至此，智能签到机签到终端的原型构建及基于云端的数据接收、验证和处理系统基本构建完成。

2. 系统的外观原型构建

基于上述技术实现路线，仍然需要进一步开展针对签到终端的产品外观设计。由于上一节已经对系统的具体功能、外观形态进行了较为详细的设计创意和分析、评估，并最终确定了智能签到系统在幼儿园儿童接送场景中的签到形式和交互方式。因此，可以想象，在基本的产品形态表现方面，能够在保证必需的签到功能和交互效果的前提下，充分选择最优的系统外观形态的表现（见图8.21）。

图8.21 智能签到机终端的最终外观设计

3. 系统的软件开发实现

前面部分展示了针对幼儿园儿童接送的签到场景中智能签到系统的主要形态和对应的功能。本部分在其基础之上，进一步对软件部分功能模块的设计与实现进行介绍。从前文签到系统的流程来看，可以发现系统的软件分为两个主要部分。第一个部分是二维码图片的采集和分析验证模块，即通过摄像头捕获二维码图案，对其进行解析，并将其与数据库中的用户信息进行比对，从而确定签到结果。该部分的软件实现中需要特别考虑的是对连续运动的二维码图案的稳定采集、高效的分析和验证及稳定的网络数据传输。第二个部分是在云端存储签到结果，并及时发送对应用户的签到信息的通知。

此外，功能创意中构思的系统软件功能还包括了在完成签到之后，根据预设的分析程序自动进行签到数据的分析。例如，对签到的成员类别、身份、时间等进行数据挖掘，从而为防止不符合平时签到模式的恶意冒用身份行为提供及时的预警。另外，签到的统计数据也可以作为进一步统计出勤等的基础数据，形成了解每个用户签到状态的实时数据系统。

4. 系统的演示与效果评估

在完成软件功能部分的开发之后，需要对原型硬件在实际的应用环境下进行整体功能的测试和评估。针对智能签到机终端的测试主要使用了模拟场景测试。在连续24小时的持续变化的二维码图案的高强度模拟签到环境下，测试摄像头、数据存储、网络通信等模块的稳定性、鲁棒性和准确性，同时也对长时间工作产生的高温情况下的外观设计的可靠性进行了检验。针对云端数据分析和处理部分的系统功能，主要采用了实际情境检测的方法。通过程序模拟签到终端，持续地往云端系统模块发送高流量的签到数据——其中包含正确签到的与故意非正确签到的数据。通过检测云服务器的总体运行表现，例如CPU、内存、数据库存储等，评估和调整签到数据的处理方法。

问题与思考：

（1）为什么物联网技术相比较于传统的其他技术，以更快的速度得到了应用，并刺激了设计创意的产生和发展？

（2）在物联网技术这个概念的发展过程中，有哪些潜在的问题仍然需要通过设计创意来解决？

（3）在利用物联网技术进行设计创新的过程中，其对于产品的功能、形态分别有哪些不同于传统技术应用的特点？

（4）试在物联网技术的背景下，思考该技术本身如何应用于支持设计创新。

（5）基于对物联网技术的发展过程的理解，如何理解该技术在未来与设计创意进行融合的方式和意义？

第9章　前沿交互技术与产品创意

当前，技术的发展日新月异，每天都有各种各样的新技术产生。但是，从社会学的角度观察技术的发展对于人们生活和工作学习的长远影响，可以发现，技术本身并不起决定性的作用。如第一章中例举的原子核裂变技术，其可以成为核能、发电造福人类，也可以成为原子弹、造成无穷灾难。由此可见，技术的作用在很大程度上依赖于最终的实现形式，包括实体产品、信息产品，甚至虚拟服务等。

因此，本书的主要理念之一就是鼓励在技术基础之上，积极思考如何妥善地将技术与设计创意进行融合，形成正面的、有价值的设计解决方案。本节罗列了一部分前沿的人机交互领域的前沿技术及基于这些技术所产生的新颖设计创意。在这些案例的基础之上，归纳总结了目前的人机交互技术的发展趋势及其与设计创意融合的发展特点。

9.1　交互技术发展前沿

【例1】虚拟现实技术（Virtual Reality，VR）通过特定的设备模拟产生一个三维空间的虚拟世界，提供给用户视觉、听觉、触觉等感官的模拟感受，使其具有身临其境的感觉。根据美国数据分析公司SUPERDATA的报告，截止到2014年就已经有26亿美元投资投入到虚拟现实技术和增强现实技术相关的开发中。预计到2020年，这个数字将快速翻倍，形成数百亿美元的市场规模，其展示了一个非常具有吸引力的未来产业发展前景。目前，一些网络服务和电子设备巨头，例如Facebook、三星、微软、Google、还有HTC等，纷纷在这一领域投入巨资进行市场布局（见图9.1）。全球也涌现出了一大批虚拟现实领域的创新企业。这些企业设计了不同外观的虚拟现实眼镜，结合了不同的现实技术——或者利用智能手机，或者利用投影屏幕，通过提供显示内容来展示虚拟现实世界。

【例2】有一家初创企业FOVE推出了一项辅助虚拟现实的交互技术（见图9.2）。系统通过追踪用户在使用虚拟现实眼镜过程中眼球的运动，可以更加精确地了解用户的注意力焦点，从而有效地调节显示的内容以提高交互的效果。眼球追踪技术的结合，使得虚拟现实设备具有了更加准确的反应能力，能够针对用户的个性化需求进行交互。

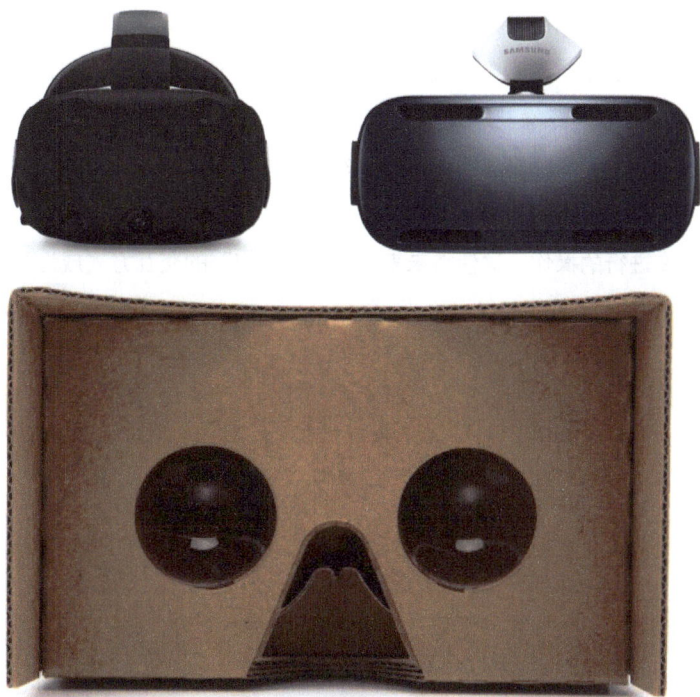

图9.1 虚拟现实眼镜

图9.2 FOVE公司的眼动追踪虚拟现实眼镜

【例3】在游戏领域，通过高精度的眼球追踪，完成高精度的快速游戏动作成为可能，毕竟当一个怪物出现在现实世界中的时候，总是眼睛首先观察到。在社交领域，基于虚拟现实的眼动追踪技术也可以用于辅助训练在面试或者其他社交谈话场合中如何妥善地表达视线接触。另外，在教育和研究领域，这种技术将能有效地辅助研究人员更好地理解用户在虚拟现实世界中的关注内容和变化路线，从而更加深入地理解用户对于虚拟世界及物体的认知方式和效果。

【例4】迪士尼的研究人员则从纯物理的角度提出了一种有趣的技术EM-SENSE（见图9.3）。

这种由位于美国宾夕法尼亚州的迪斯尼研究中心和卡内基·梅隆大学共同研究开发的技术，被完美地设计在了一款智能手表中。手表中的技术能够探测人体和其他物体在接触时所产生的细微电磁信号。通过芯片对电磁信号的降噪、放大和识别，可以提取出一些日常生活中的物件的特定信号模式，例如门把手、键盘、手机，甚至电钻和摩托车等。这种技术为未来深度"环境智能"的交互提供了技术上的可能。例如，当用手摸一下正在烧开水的水壶，手表识别到触碰的对象之后，会更新显示水温和当前正在进行的操作，这使得未来"所触即所知"的交互方式成为可能。

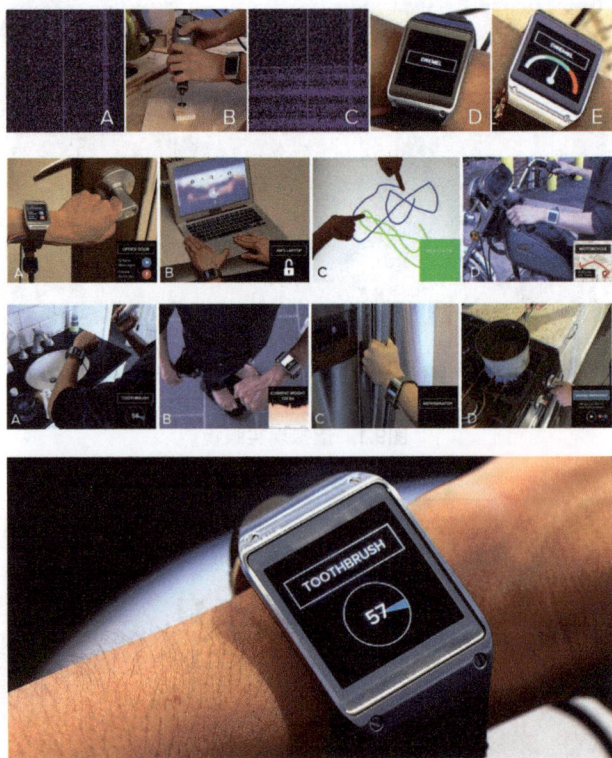

图9.3　EM-SENSE技术的物体识别

【例5】脑机交互领域的一些技术也进展快速。例如在2012年就有报道，美国加州大学伯克利分校、英国牛津大学及瑞士日内瓦大学的研究人员的联合研究认为，黑客有可能读取用户脑电波并从中窃取敏感信息（见图9.4）。目前通过脑电波读懂用户的想法的技术的真正实现还面临着很多的障碍。

【例6】在前文的技术与创意的融合案例中提到的EMOTIV公司的EPOC+脑电波头罩，仅能较为准确地获取ALPHA和BETA脑电波——这些电波提示了用户放松、紧张、兴奋等程度，并且可以进一步被翻译为可计算的动作，用于控制对象的交互。将P300等多种脑电波综合起来分析，可以得到用户脑中对某种交互操作的意图，从而用于实现稍微复杂一些的交互任务。

图9.4 读取脑电波并获取信息

脑机交互技术为未来的交互方式提供了一种近乎神奇、高效的途径。但是，前沿的研究则在人脑-人脑交互技术上取得了新进展。利用非入侵式的脑机交互技术实现有意识的人脑与人脑之间的沟通交流已经在实验室中成为现实（见图9.5）。虽然截至目前，科学家仍然没有完全理解人脑如何进行信息编码，并在非常低的能量消耗情况下进行计算和信息存储活动，但是不可否认，小型化的脑机技术（例如EEG）正在将我们带向一个最终能够实现人脑与人脑直接交互的未来。

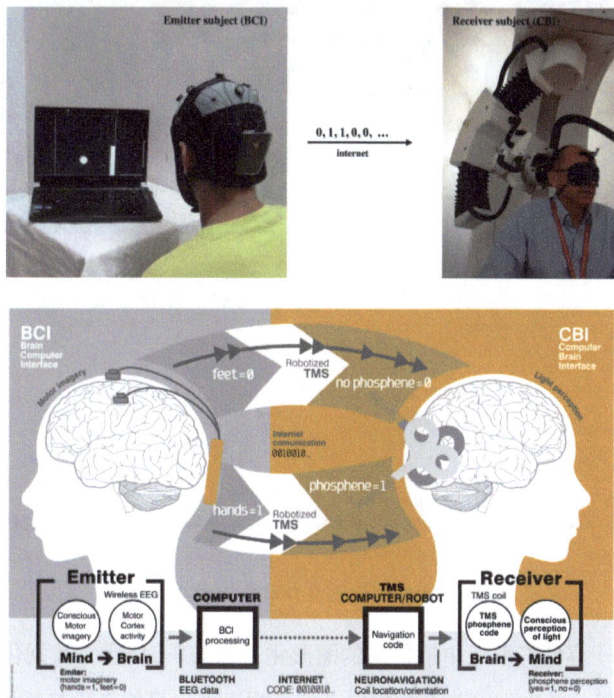

图9.5 人脑-人脑之间的有意识信息交互

9.2 前沿交互技术的创意

相比较于前沿交互技术的发展，将各种交互技术应用于设计创意更加地活跃。一个典型的原因是，同一种技术可以被灵活地应用于很多场景中，用于解决不同的问题。例如，前面所讲述的前沿交互技术中提到的脑机交互技术，它既可以应用于游戏来提高沉浸感，也可以用于教育来监测学习的注意力状态，甚至也可以用于健康医疗来检测用户的治疗反应状态。下面列举几个例子来展示基于前沿交互技术的不同设计创意应用。

【例7】第一个技术的设计创意案例是信息可视化。信息可视化随着数据的爆炸式增长、人们对于大规模数据中提取有用信息的迫切需求而快速发展起来。它通过对抽象的数据进行交互式的可视化表示，从而充分利用人类对于颜色、形状的感知优势理解信息。在计算机科学和计算机图形等领域，可视化的信息对象主要是大规模的多维度数据及其相互联系（见图9.6）。

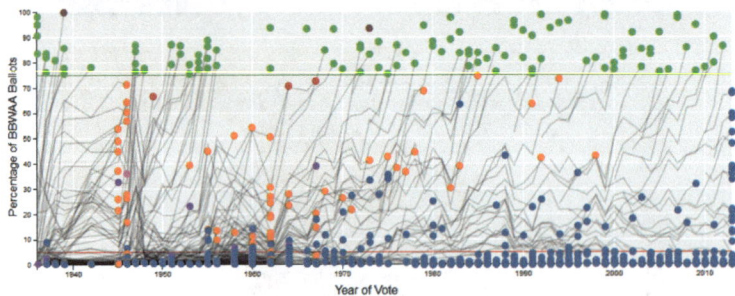

图9.6 大规模数据及其联系的可视化效果

上面这些都是对于存储在系统中的信息的图形化，如图9.6所示，可视化的图形结果可以很好地支持用户的信息决策，并发现一些在数据中未能直观表现出来的变化趋势和模式。利用交互式的信息可视化技术，设计师们另辟蹊径设计实现了另外一类信息可视化——通过把生活空间中不可见的信息以可见、可触摸、可感知的方式展现出来（见图9.7）。

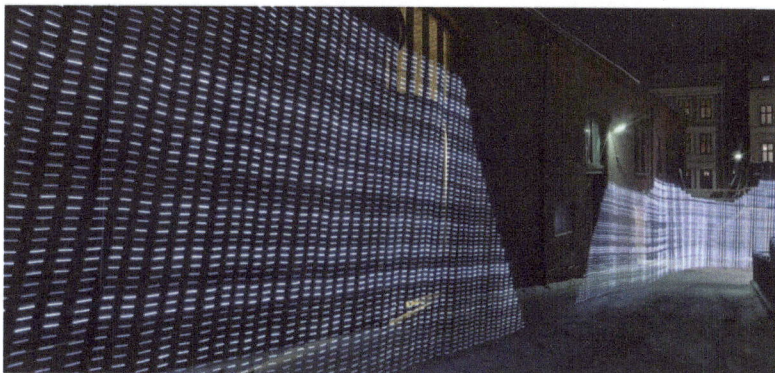

图9.7 不可见信息的可感知、可视化

在图9.7中，设备利用能够被视觉感知的光线，对生活空间中的Wi-Fi信号的强弱进行了可视化的展现，从而形成无线型号地形图。实现的技术非常直接——通过LED的亮灯数来表示所在位置的Wi-Fi信号强度，通过不断移动装满LED指示灯的杆子，就可以利用长时间曝光的方式将信号强弱分布的地形图绘制下来（见图9.8）。

图9.8 无线信号强弱地形图的可视化展示设备

上面这种形式的信息可视化为设计创意的构思提供了新的视角。传统的数字信息的可视化仍然是广大可视化设计师和研究人员的主要领域，但是，从设计创意的角度而言，选择不同的可视化对象、应用不同的可视化技术、尝试不同的可视化效果，是对信息可视化的应用领域和理论方法的良好拓展。

【例8】第二个案例展示了跨越数字世界的虚拟信息与物理世界中的实际物体进行交互的设计创意。

在过去的几十年中，信息和通信技术有了长足的发展，并且借助于因特网和移动互联网技术，形成了对日常生活和工作的快速渗透。如今，很难想象街道上走动的人们没有手机，也很难想象在日常工作中不使用各种即时通信服务和电子邮件等。但是，一个有趣的现象是，在充斥着各种爆炸式信息的网络经过了多年的快速发展之后，人们开始将目光重新转向了物理世界。

这种转向代表着两种典型的人机交互技术的发展趋势。一种趋势是，传统的桌面电脑和鼠标键盘的交互方式正在面临前所未有的局限，也正在面临着用户的审美疲劳，因为如今在办公室或者家里放一台桌面电脑已经逐渐成为再普通不过的事了。这种下行的趋势迫使信息及其交互方式寻找新的突破口。幸运的是，基于智能手机的移动互联网成为了下一个引领的趋势。

另外一种趋势是，越来越多的信息不再是单纯地产生并传播于网络空间中。更新的趋势是各种传感器设备、智能通信设备和个人交互设备开始产生大量的数据，并逐渐形成与现实环境中的物理产品的交互（见图9.9）。Mark Weiser把这种趋势称为"物联网"。这代表着一个用户与多个不同类型的设备进行交互，并且各个设备与其他设备之间无缝交互这样一个虚拟－现实交互技术混合的技术世界的到来（见图9.10）。

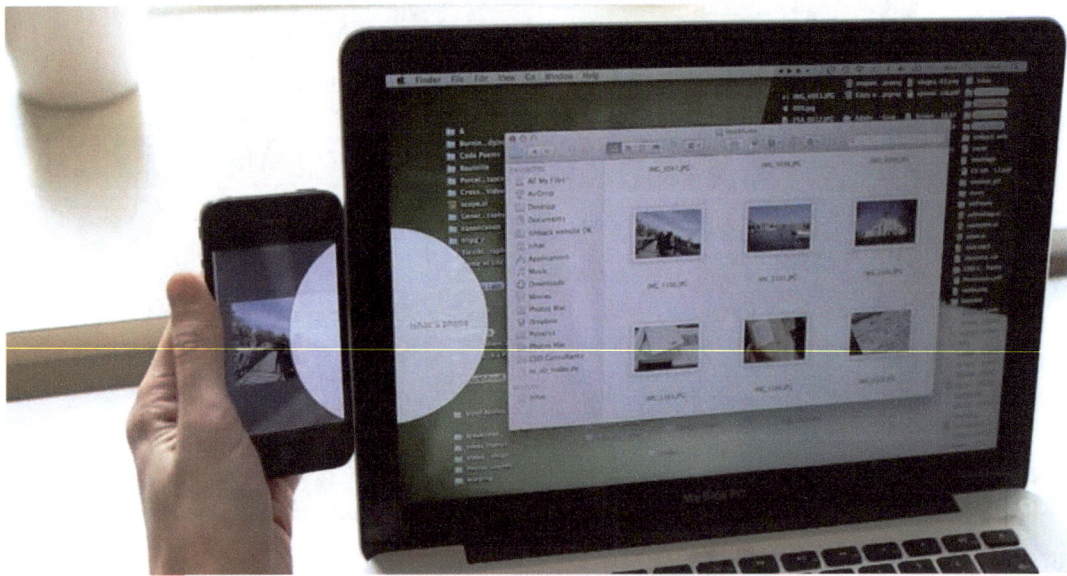

图9.9　从虚拟桌面屏幕中到另外一个设备的交互技术

图9.10 基于物联网的各种智能设备

9.3 创意与技术融合的发展趋势

技术的发展可以被看作是一段不断加速变大的过程。从电的发明和使用到无线通信的普及，再到今天虚拟现实、混合现实等技术的快速发展，无一不显示着技术正在以越来越快的速度渗透进人们的生活和工作，并在游戏娱乐、教育等领域掀起了一波又一波的变革。

面对这些高速发展的技术，设计创意的产生和发展也正经历着新的变化。20世纪中叶包豪斯兴盛时期的"形式追随功能"的设计规则，虽然在今天仍然适用，但已经开始变得有些局限。一个典型的例子是，智能手机的外形不再进行大的变革，但其中的信息内容、交互方式却在经历不断的革新。又例如诸多智能电视的设计，尽管像空间交互、手势交互、互联应用等新技术不断更新，但是总体的外观形式的变化却几乎在原地踏步（见图9.11）。

综合技术和设计创意两者在当前发展过程中所表现出的特点，可以大致归结为在三个方向上的发展趋势。

图9.11 智能电视的信息和交互技术与外观设计

（1）技术越来越强调与用户的交互。

　　无论是在本书前文举例中提及的具体技术案例，还是其他广泛的信息、通信等技术，都在强烈地显示出一个趋势，即技术本身越来越强调用户的交互。一个典型的例子是Google的SOLI项目所开发的近距离雷达动作识别技术（见图9.12）。传统的基于雷达波的物体检测往往需要较大体积的元器件才能实现，并且需要配合复杂的检测算法，但是SOLI项目所展示的动作检测技术进一步缩短了技术本身和用户交互之间的距离。或者说，越来越多的技术的发明直接就是针对特定的用户交互。

　　这种趋势是技术整合的水平不断提高的结果，即芯片制造技术、传感器技术、元器件组装技术等综合提高之后，促成了多项技术能够集成在微型的器件当中，并作为独立的功能单元支持用户的交互。同时，这种趋势也符合"以用户为中心"的哲学指导，即技术的发明和发展趋势更多地围绕用户在特定情境下的特定交互任务展开。

图9.12 SOLI项目的手势检测技术

（2）创意成为技术发展的引导。

以上述SOLI项目的雷达手势检测技术为例，Google演示了直观生动的使用方式，展示了其区别于现有交互技术的新创意（见图9.13）。但是这些创意之外，还能利用这个技术来做些什么，这就需要新的创意。这些创意的作用主要表现在两方面：一方面是新的创意能极大地扩展该技术的使用范围，并在不同应用领域形成潜在的交互变革；另一方面是新的创意会进一步促进该技术的发展，例如将其结合在大尺寸显示屏幕上，则会对其检测范围控制技术提出进一步的要求。以此类推，灵活多样的创意应用会从不同的角度推进技术的演变。

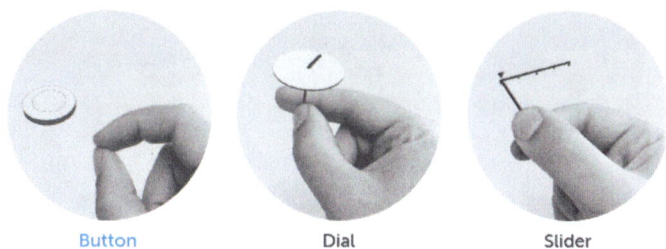

Button   Dial   Slider

图9.13 SOLI项目的手势检测使用创意

（3）技术与设计创意的融合成为趋势。

无论是技术自身的快速发展，还是设计创意方法的不断丰富，就其自身而言，都无法单独形成变革性的产品、服务和力量，形成推动社会进步的力量。

相反地，回顾成功的产品，它们都在技术和创意上做到了紧密结合。这种结合并不是将某种技术简单地应用于设计创意中，而是通过设计创意所提供的想象，将技术进行巧妙的结合，并完美地满足用户在产品功能、使用心理等方面的综合需求。

问题与思考：

（1）根据目前的交互技术的发展前沿以及未来趋势，试分析技术如何朝着增强与用户交互的方向发展。

（2）从文中提及的前沿技术中选择一项，并试提出10项基于该技术的设计创意。

（3）基于目前材料、能源、信息、生物等领域的前沿技术的发展趋势，试分析如何在未来的设计创意中完整地融合跨领域的技术于统一产品。

（4）从技术发展的趋势、设计创意的过程、用户对新技术的认知和接受来看，如何从技术伦理的角度完整理解技术与设计创意的融合过程及结果?

（5）从目前前沿的交互技术中选择一项技术，并通过完整的设计创意构思、设计表现、设计选择、技术融合验证等流程，设计实现一款信息产品。